# 图解
# 计算机网络

信海舟　编著

化学工业出版社

·北京·

## 内容简介

本书从计算机网络的整体结构出发，对网络技术的原理、网络运行的规则以及要求等逐一进行了讲解。

本书共9章，系统阐述了计算机网络的出现与发展、组成和分类、局域网、常见的参考模型、物理层的功能与特性、数据链路层的功能与组成、常见设备及工作原理、网络层的作用、路由与协议、传输层协议与工作原理、应用层的作用与常见协议、无线技术及标准、物联网、网络安全技术、网络安全体系、入侵检测技术、网络管理与维护、下一代互联网、量子通信、网络社会影响等内容。书中在进行各个知识点的讲解时，辅以大量生动形象的图解对话、原理示意等。

本书全面系统、内容丰富、条理清晰、逻辑性强，非常适合计算机网络技术初学者及爱好者、网络工程师、网络运维人员、系统工程师等自学使用，还可作为高等院校以及社会培训机构相关专业的教学用书。

**图书在版编目（CIP）数据**

图解计算机网络 / 信海舟编著．-- 北京 ：化学工业出版社，2024．12．-- ISBN 978-7-122-46481-1

Ⅰ．TP393-64

中国国家版本馆 CIP 数据核字第 2024WX9964 号

责任编辑：耍利娜　　　　　　　文字编辑：侯俊杰　温潇潇
责任校对：刘　一　　　　　　　装帧设计：王晓宇

出版发行：化学工业出版社
　　　　　（北京市东城区青年湖南街 13 号　邮政编码 100011）
印　　装：北京瑞禾彩色印刷有限公司
710mm×1000mm　1/16　印张 18　字数 367 千字
2025 年 2 月北京第 1 版第 1 次印刷

购书咨询：010-64518888　　　　售后服务：010-64518899
网　　址：http://www.cip.com.cn
凡购买本书，如有缺损质量问题，本社销售中心负责调换。

定　　价：89.00 元　　　　　　　　　　　版权所有　违者必究

前言

在这个信息化迅速发展的时代，计算机网络已经成为我们日常生活和工作中不可或缺的一部分。无论是浏览网页、发送电子邮件、在线购物，还是远程工作和学习，网络都扮演着至关重要的角色。因此，对计算机网络的理解和掌握，对于计算机科学及相关领域的学生和专业人士来说，是一项基本而必要的技能。为了更好地理解并使用网络，我们特地编写了本书。

本书由多年从事计算机网络行业的高级网络工程师编写，以图解的方式，详细阐述了计算机网络的组成、结构、使用的模型、分层标准、每层的作用、使用的设备、工作原理、所涉及的协议、最新的无线技术、网络安全应对方法等内容，知识点涵盖了计算机网络的各个方面。通过本书的学习，读者可以熟练掌握计算机网络所涉及的各种原理和机制的相关知识，为网络安全、网络管理、开发等相关专业的学习打下坚实的理论基础。

## 本书特色

### 1. 结构完整，概念清晰

本书内容力求用简洁明了的语言解释复杂的网络概念，使读者能够轻松理解并记忆。同类的书籍常以大量篇幅对计算机网络的原理部分进行详细阐述，对于初级读者来说，阅读起来晦涩难懂。而本书针对这种情况，精选了重要的知识点并进行了有机的组合，让读者可以轻松阅读并掌握。

### 2. 从零起步，联系实际

本书在介绍过程中，以最为普遍的应用为基础，在介绍相关技术的同时，也将各种技术的应用、最新的网络设备的原理同步进行介绍，通过丰富的实例将理论知识与实际应用紧密结合，帮助读者更好地理解网络技术原理并掌握最前沿的技术知识。

### 3. 通俗易懂，易教易学

本书采用了图解的方法，图文并茂，大量的图片、对话等穿插在文中，生动形象地向读者介绍每一个知识点，减少了阅读时的枯燥感。借助配图，读者不仅容易理解，而且可加深视觉印象，在轻松愉悦的氛围中深刻地了解计算机网络。

## 学习指导

相对于其他技术，计算机网络与日常工作学习联系得更加紧密。用户在学习过程中，要在充分了解计算机网络相关知识的基础上，结合其他计算机课程，如网络安全、网络设备、网络组建，并通过各种实验，更加深刻地掌握与理解计算机网络技术，以便能够灵活运用。网络技术的学习不是静态的、一劳永逸的，而是一个动态的、长期的过程。

通过本书的学习，可以系统全面地了解网络的基础知识，熟悉各种新技术的原理，掌握网络技术的应用等。在学习的同时，要重点培养计算机网络知识的学习方法、思维能力、动手能力等。同时要关注一些网络论坛，来了解最新的技术资讯，只有通过不断积累，才能更加有效、全面地提高自身的网络技术水平。

## 内容导读

| 章节 | 内容概述 |
|---|---|
| 第1章 | 主要讲解了计算机网络的定义、产生与发展、组成、分类、作用、网络性能指标，局域网结构、组成、技术标准，计算机网络体系结构、OSI参考模型、TCP/IP参考模型、TCP/IP五层原理参考模型，等 |
| 第2章 | 主要讲解了物理层的功能、特性、通信介质、数据通信模型、技术指标、传输方式、编码与调制、数据交换技术、信道复用技术、宽带接入技术，等 |
| 第3章 | 主要讲解了数据链路层的功能、结构，以太网MAC层、MAC地址与MAC帧、MAC帧的种类与格式，共享式以太网与交换式以太网及其工作过程、CSMA/CD协议、PPP协议，网卡与分类、集线器的工作原理、网桥的工作原理、交换机的工作原理、差错及流量控制技术、虚拟局域网技术，等 |
| 第4章 | 主要讲解了网络层的作用、虚电路与数据报、IP协议及IP地址、子网掩码与子网划分、IPv4与IPv6、路由过程与路由表、路由的分类、网络层主要设备及工作原理、网络层主要协议（如ARP、RARP、ICMP、IGMP、RIP、OSPF、BGP、NAT、VPN等） |
| 第5章 | 主要讲解了传输层的作用、进程、UPD协议及特点、首部格式、TCP协议及特点、报文格式、连接管理、可靠传输的实现方法、流量控制、拥塞控制，等 |
| 第6章 | 主要讲解了应用层的作用、网络应用模型、应用层的主要协议与应用（如WWW、DNS、FTP等） |
| 第7章 | 主要讲解了无线网络的类型、优势、介质和技术，无线局域网机器标准、结构、优势、Wi-Fi技术、版本、新特性、安全性，无线路由器、无线AP、无线控制器、无线网桥、无线中继、无线网卡，物联网的发展与应用、物联网的关键技术、物联网的挑战与应对，等 |
| 第8章 | 主要讲解了网络威胁的性质、网络安全体系、网络威胁的应对方法、常见的网络安全技术（如加密技术、身份认证技术、数字签名技术、访问控制技术）、网络模型中的安全体系与每一层常见安全协议、防火墙技术、入侵检测技术、网络监控、故障排查步骤、配置管理、网络维护，等 |
| 第9章 | 主要讲解下一代互联网关键技术、潜在优势及挑战，量子通信原理、量子网络、量子通信的挑战，网络在信息传播、教育和科研、经济活动、人际交往和文化娱乐方面的影响，等 |

　　各章除了对网络知识介绍外，还安排了"知识拓展"板块，主要对该知识点进行延伸讲解。"注意事项"板块将易错易混淆的重要知识点进行标注。每章结尾处还安排了"专题拓展"板块，结合网络知识的实际应用或最新技术，开阔读者视野。

## 适用群体

　　本书全面翔实、内容丰富、图文并茂、涉及面广、结构清晰、逻辑性强、通俗易懂，非常适合以下人士阅读：

- 网络专业从业人员
- 网络开发工程师
- IT行业从业人员
- 网络运维人员
- 网络技术爱好者
- 对网络知识感兴趣的人士
- 网络工程师

　　本书在编写过程中力求严谨细致，但由于时间与精力有限，疏漏之处在所难免，望广大读者批评指正。

编著者

# 第1章 信息高速公路——计算机网络

# 第2章 网络基础工程师——物理层

# 第4章 > 网络的导航员——网络层

# 第5章 网络信息快递员——传输层

# 第6章 网络前台服务员——应用层

## 第7章 ▷ 空中信使——无线网络

第8章 网络信息保镖——网络安全

## 第9章 后记——网络的未来

开启网络之门，
探索未来无限可能。

# 信息高速公路—— 计算机网络

**本章重点难点**

计算机网络的简介　　局域网简介

计算机网络体系结构　　对硬盘进行分区

计算机网络技术脱胎于计算机技术，它就像是一条宽阔的高速公路，承载着各种数据信息，将人和物有机且紧密地连接在了一起，推动着世界的快速发展。计算机网络的发展使得人们能够更加方便地进行远程通信、资源共享和信息获取。互联网的普及进一步加强了计算机网络的重要性，使其成为现代社会不可或缺的基础设施之一，并极大地推动了社会生产力的发展。本章将向读者介绍计算机网络的相关知识。

# 首先，在学习本章内容前，
# 先来几个问题热热身。

怎么样，虽然经常看到这样的问题，但是回答起来感觉还是有一定难度吧。那我们下面一起看下参考答案。

**初级：** 网络的发展经历了几个阶段？

**中级：** 您最常接触的是哪类网络？

**高级：** OSI参考模型由哪七层组成？

**参考答案**

**初级：** 从普遍性认知角度，网络从出现至今一共经历了4个阶段。

**中级：** 普通用户最常接触的网络就是局域网了。

**高级：** OSI七层模型由物理层、数据链路层、网络层、传输层、会话层、表示层、应用层组成。

是不是有些困惑？看不懂也没关系，本章就将向读者解释这些内容。来进行我们的讲解吧。

# ▶ 1.1 全面认识计算机网络

计算机网络最主要的作用就是连接各种终端系统并在其间传输数据、共享资源。在介绍网络原理知识前，首先介绍一些计算机网络相关的基础知识。

## ▶ 1.1.1 计算机网络的定义

计算机网络（简称网络）是指将地理位置不同的具有独立功能的多台计算机及其外部设备，通过通信线路和通信设备连接起来，在网络操作系统、网络管理软件及网络通信协议的管理和协调下，实现资源共享和信息传递的计算机系统如下图所示。

这里的地理位置不同，是指最简单的网络可以是一个房间中的两台设备，也可以是世界范围内成千上万台设备。而且设备其实也不只是计算机，所有具有联网功能的终端设备都包括在其中，如常见的智能手机、网络监控摄像机、互联网电视、智能手表等。这些设备也被称为网络节点，线路也称为网络链路。在链路间实现网络数据通信的设备被称为网络设备，如交换机、路由器等。现在比较常见的Windows系统、Linux发行版系统、IOS系统等，只要支持网络连接的系统都属于网络操作系统。

通过网络管理软件进行管理，遵循网络通信协议来进行数据的传输。最终通过网络进行数据的传递和资源的共享。

协议就是通信双方应该遵守的规则，在网络通信时会规定，比如怎么连接、怎么断开、数据坏了怎么处理等。

什么是协议啊？

## ▶ 1.1.2　网络的产生与发展

具有现代意义的网络出现在20世纪60年代，美国国防部高级研究计划局（ARPA）为了防止一旦发生战争，中心型网络的核心计算机被摧毁，造成所有的指挥中心全部瘫痪，提出一种分散性的指挥系统。其实在此之前，已经出现了以中心型的网络结构为代表的第一代网络。按照普遍的说法，网络的发展大致经历了4个阶段。

### （1）远程终端阶段

20世纪40年代，计算机的出现极大地改变了当时的数据运算方式，20世纪50年代中后期，出现了由一台高性能的中央主机作为数据信息存储和处理中心的结构，通过通信线路将多个地点的终端连接起来，构成了以单个计算机为中心的远程联机系统，也就是第一代计算机网络，如下图所示。

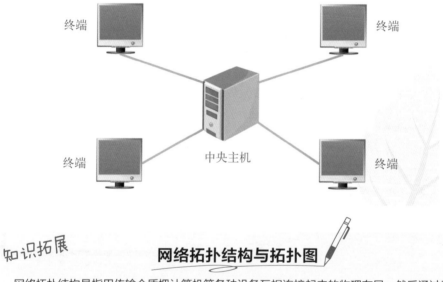

知识拓展　　　**网络拓扑结构与拓扑图**

网络拓扑结构是指用传输介质把计算机等各种设备互相连接起来的物理布局。然后通过示意图的方式进行表示，就是拓扑图，能准确地表达出网络中所使用的设备、彼此之间的连接方式。拓扑图经常用在了解网络结构、说明网络问题、排查网络故障等方面。

终端分时访问中心计算机的资源，中心计算机将处理后的数据返回给终端，终端没有数据的存储和处理能力，仅仅提供计算或数据的请求，以及显示处理后的结果信息。但该网络已经可以实现远程信息处理以及资源共享。当时美国的航空售票系统就采用了该种模式的网络。

但这种模式对中心计算机的要求比较高，如果中心计算机负载过重，会使整个网络的速度下降。如果中心计算机发生故障，整个网络系统就会瘫痪。而且该网络中，只提供终端与主机之间的通信，而无法做到终端间的通信。但是，当初的设计目的为实现远程信息处理，达到资源共享的目标，已经基本实现。

时过境迁，随着网络的发展，网络的性能和可靠性不可同日而语，所以出现了云主机，逻辑结构类似，但性能、稳定性和性价比非常高。

## （2）计算机互联阶段

之前介绍具有现代意义的网络就出现在这个阶段，在意识到中心型网络存在的问题后，在20世纪60年代末，ARPA资助并建立了ARPA网，将位于洛杉矶的加利福尼亚大学、位于圣芭芭拉的加利福尼亚大学、斯坦福大学，以及位于盐湖城的犹他州州立大学的计算机主机连接起来，通过专门的通信交换机和线路进行连接，其间采用了分组交换技术，形成了因特网的雏形，如下图所示。

在该阶段，网络摆脱了中心计算机的束缚，计算机之间相互独立，地位也平等。通过程控交换技术，设备间通过通信线路互联，任意两台主机间通过约定好的"协议"传输信息，网络中的主机相互之间可以共享资源。这时的网络也被称为分组交换网络，以电话线路以及少量的专用线路为基础。

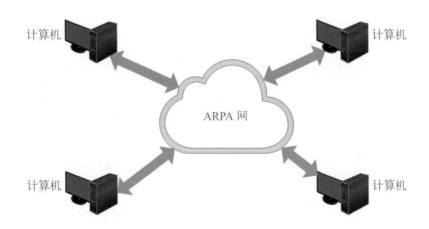

## （3）网络标准化阶段

随着计算机的成本降低，尤其是个人计算机的飞速发展，越来越多的计算机加入到网络中，网络的规模变得越来越大，网络结构以及各种网络所使用通信协议也越来越复杂。计算机厂商以及通信厂商之间各自为政，在网络互访方面给用户造成了很大的困扰。1984年，由国际标准化组织ISO（International Organization for Standards，ISO），制订了一种统一的网络分层结构——开放式系统互联参考模型（open system interconnection/reference model，OSI/RM），简称为OSI模型，将网络分为七层结构。

在OSI七层模型中，规定了不同设备必须在对应层之间能够沟通。网络的标准化，大大简化了网络通信原理，让异构网络互联成为可能，如下图所示。OSI参考模型的提出引导着计算机网络走向开放的标准化的道路。

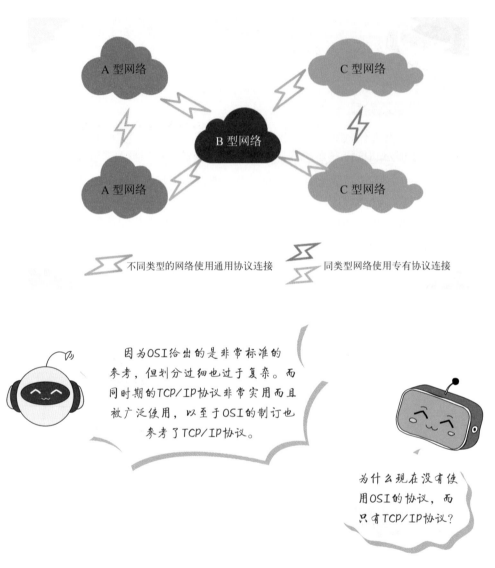

不同类型的网络使用通用协议连接　　同类型网络使用专有协议连接

因为OSI给出的是非常标准的参考，但划分过细也过于复杂。而同时期的TCP/IP协议非常实用而且被广泛使用，以至于OSI的制订也参考了TCP/IP协议。

为什么现在没有使用OSI的协议，而只有TCP/IP协议？

## （4）信息高速公路阶段

20世纪80年代末开始，局域网技术发展成熟，并出现了光纤及高速网络技术。20世纪90年代中期开始，互联网进入高速发展的阶段，发展以因特网为代表的第四代计算机网络。第四代网络也可以称为信息高速公路（高速、多业务、大数据量）。网上直播、网上购物、网上会议、网上订票、网上点餐、网上游戏等，都在彰显着网络的巨大作用。在网络技术高速发展的同时，网络资源的科学管理、网络行为规范、网络的全球覆盖、网络的安全防护、云存储及云计算已经逐渐成为新的热门课题。

# ▶ 1.1.3　网络的组成

　　计算机网络的组成，可以从逻辑上划分，也可以从设备上划分。从逻辑层面上，可以将计算机网络分为通信子网以及资源子网，如下图所示。

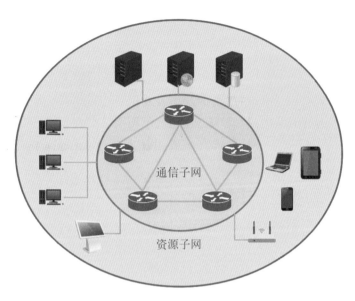

## （1）通信子网

　　通信子网主要由通信设备以及通信线路组成，主要负责网络数据的传输、转发等任务。目标是尽最大所能交付数据，而对用户来说，通信子网是透明的，也就是不需要用户干涉、自动运行的。

　　常见的通信设备包括路由器、交换机、无线设备、调制解调器等网络设备（如下左图所示），传输介质一般有同轴电缆、双绞线、光纤、无线电等（如下右图所示）。

### （2）资源子网

资源子网由各种类型的服务器（如下左图所示）、计算机、各种网络终端设备以及存储在其上的软件资源（网络协议、网络操作系统，如下右图所示）、信息资源（网络数据库）组成。资源子网负责实现在网络中面向应用的数据处理和网络资源共享等功能。

## ▶ 1.1.4 网络的作用

用户日常进行上网、收发文件、聊天、购物时，都是使用了网络所提供的各种功能。网络的发展目标是满足人们日益增长的各种需求。下面介绍网络主要的作用。

### （1）传输数据

传输数据也可以叫做数据通信和数据交换，是互联网的基本功能。各种网络设备以传输数据为基本任务。传输数据指按照设计好的通信协议和预设的目的地址，利用网络，在多个设备终端之间或者与服务器之间进行数据的传输。将数据安全、准确、迅速地传递到指定终端，是衡量一个网络性能的基本参数。

### （2）资源共享

网络建立的初衷就是为了共享各种资源。在资源共享中，包括：硬件的共享，比如打印机、专业设备和超级计算机等；软件的共享，包括各种大型、专业级别处理、分析软件；还有最重要的数据共享，如各种数据库、文件、文档等。这些软硬件以及数据，不可能为每个用户配备，需要专业的机构进行管理和维护。而共享可以做到为所有有需要的用户服务，可以提高利用率、平摊成本、减少重复浪费、便于维护和开发等。尤其是现在这个大数据时代，数据的共享和综合利用可以获取到更加专业、准确的信息，成为决策支持的重要技术手段。

### （3）提高系统的可靠性和有效性

个人计算机可以随时进行备份，出现问题还原即可。而服务器就复杂得多，因为服务器要7×24小时全天候工作，如果采用普通的备份模式，需要停止系统、断开网络。此时客户端连不上服务器，会造成巨大的损失。尤其是对于一些关键部门，如银行金融业、售票系统、大型门户网站，属于灾难性事故。

依靠着强大的互联网，企业在不同的位置，建立起许多备用服务器。在平时服务器之间会进行数据的同步工作，一旦主服务器发生故障而宕机，备用服务器会立即接手，一旦某区域网络出现瘫痪，则利用其他区域的服务器继续提供服务。

随着网络技术的发展，网络主干的承载能力也变得越来越强，但是在某些特定区域内的服务器访问量非常高，而有些区域的服务器访问量则非常少。这时，可以将大量的访问按照预设的策略进行分流，将访问请求引导到最合适的服务器上进行应答。如此一来，可以做到服务器的负载均衡，达到服务器的利用率最大化，同时保证了访问质量。

现在的服务器负载均衡和冗余备份可以同时使用，并且已经非常成熟了，具体应用可以参考淘宝双11和近几年的12306网站。

知识拓展　　

其实在访问某些网页时，所访问到的不全是主服务器，而是CDN服务器。CDN的全称是content delivery network，即内容分发网络。CDN是构建在现有网络基础之上的智能虚拟网络，依靠部署在各地的边缘服务器，通过中心平台的负载均衡、内容分发、调度等功能模块，使用户就近获取所需内容，减缓网络拥塞，提高用户访问响应速度和命中率。CDN的关键技术主要有内容存储和分发技术。CDN是一套完整的方案，目的就是让用户更加快速地访问网站的各种资源。现在大部分门户网站应用的都是这种技术。

### （4）分布式处理及存储

由于网络的发展，数据的本地处理模式已经慢慢被云计算所取代。依托于网络，各种应用数据都会在多个远程中央主机上进行计算，而用户端设备的作用逐渐变成了显示终端。另一方面，一些复杂的超大型的任务也按照某种规则，被分成若干小任务后再被分配在多个网络主机上进行运算，提高了数据处理能力及算力设备的使用率，同时也降低了运营成本。

依托于网络的计算能力和存储能力，可以做到数据的公开、透明、无篡改，如流行的区块链技术就是很好的例子。

### （5）承载网络应用

承载网络应用包括了现在流行的各种互联网应用，如网络直播、网上交易、网络监控、网上点餐、互联网存储、在线语音视频、视频会议、各种互联网小程序等，都需要强大网络承载能力。除了要保证服务的高质量（应用优先级、语音清晰度、延时情况等），还要保障用户数据的安全性（加密、身份认证等），所以对网络要求越来越高，如后图所示。

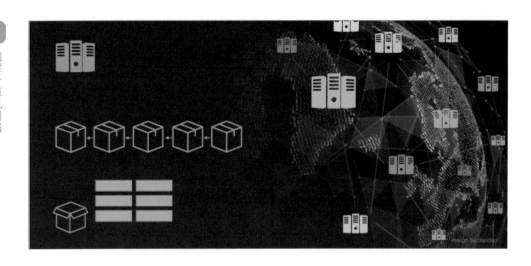

## ▶ 1.1.5 网络的性能指标

网络的性能指标以数字的形式量化了网络的质量和稳定性等，通过性能指标可以准确地知晓当前网络的档次、承载能力，以便对网络进行优化调整、选择可承载的功能、应用，以便更科学地使用网络。下面介绍网络性能的一些关键指标。

### （1）速率

网络传输速率指网络每秒传输的二进制数的位数，一般以比特率为单位。不同网络一般比特率也是不同的。在了解速率时，先看看计算机中的数据量单位。

计算机发送和存储的信号都是数字形式的。比特(bit，简称b)是计算机中数据量的单位，也是信息论中使用的信息量的单位。英文bit来源于binary digit，意思是一个"二进制数字"，因此一个比特就是二进制数字中的一个1或0。

除了比特外，常接触的数据量单位还有字节（byte，简称B），一个字节等于8bit（1B = 8bit）。除了字节外，还有KB（千字节，1KB = 1024B = $2^{10}$B）、MB（兆字节，1MB = 1024KB = $2^{20}$B）、GB（吉字节，1GB = 1024MB = $2^{30}$B）、TB（太字节，1TB = 1024GB = $2^{40}$B）。

存储设备生产商在生产时，容量并没有按照计算机使用的数据量换算标准1024（$2^{10}$）进行换算，而是使用了1000（$10^3$）进行换算，所以在计算机中查看时会发现少了一部分。

速率是计算机网络中最重要的一个性能指标，速率的单位是b/s（比特每秒，也可记为bit/s或bps，即bit per second）。当数据率较高时，可以用kb/s（或kbps，千比特每秒，1kb/s = $10^3$b/s）、Mb/s（或Mbps，兆比特每秒，1Mb/s = $10^3$kb/s = $10^6$b/s）、Gb/s（或Gbps，吉比特每秒，1Gb/s = $10^3$Mb/s = $10^6$kb/s = $10^9$kb/s）或Tb/s（或Tbps，太比特每秒1Tb/s = $10^{12}$b/s）。

## （2）带宽

带宽会影响网络的传输速率，在计算机网络中，带宽用来表示通信线路传送数据的能力，即数字信道在单位时间内所能传送的最高数据率，单位是b/s（比特每秒）。有时也将该单位省略，如带宽为1000M，实际上应该是1000Mb/s。

知识拓展　　传统带宽

传统的带宽指的是信号具有的频带宽度，也就是可以传送的信号的最高频率和最低频率之差，单位是赫兹（Hz）。比如传统的电话线路频率范围为300~3400Hz，其带宽为3100Hz，也就是通信线路允许通过的信号频带范围。

在实际应用中网络的实际速率和网络的带宽、网络设备接口速率、计算机或其他终端的接口速率、网络通信线路的速率都有关系，且遵循的是"木桶效应"，即以最小值为准。比如常见的家庭网络，外部网络的速率是1000Mbps，路由器的接口速率为1000Mbps，计算机网卡的接口速率为1000Mbps，而网线支持的速率为100Mbps，那么实际用户使用仅为100Mbps。这也是很多用户反映网络测速达不到ISP（互联网服务提供商）所标称的带宽大小的根本原因。

**⚠️注意事项 带宽与速率**
带宽和速率虽然单位和换算是相同的，但两者的含义不同。带宽一般用来表示网络传输速率的最大值，是固定的，而网络速率却是受很多因素的影响，是不断变化的值。在比较稳定的网络中，网络速率的变化较小。在不太稳定的网络中，网络的速率波动较高。

不一样，在实际中，ISP宣传的带宽往往是下行值，上行值要远远小于下行值，而且也不稳定。

上行带宽和下行带宽一样吗？

## （3）往返时间

往返时间（round-trip time，RTT）指从发送端发出数据分组开始，到发送端接收到来自接收端的确认分组为止总共消耗的时间。往返时间是计算机网络重要的性能指标，在实际中，经常需要知道通信双方交互一次所要耗费的时间。

对于复杂的网络，RTT还包括中间节点的各种时延。当使用卫星通信时，RTT相对较长。一般可以使用ping命令来测试往返时间，右图中的"时间=11ms"指的就是往返时间。

### （4）丢包率与抖动

丢包率是指传输中所丢失数据包数量占所发送数据包的比例，通常在吞吐量范围内测试。丢包率与数据包长度以及包发送频率相关。通常，千兆网卡在流量大于200Mbps时，丢包率小于万分之五，百兆网卡在流量大于60Mbps时，丢包率小于万分之一。

物理线路故障、设备故障（软件设置不当、网络设备接口及光纤收发器故障）、网络拥堵（路由器被占用大量资源）、路由错误（网络中的路由器的路径错误）。

丢包率较高主要是什么原因啊？

网络抖动指的是最大延迟与最小延迟的时间差，抖动可以用来评价网络的稳定性，抖动越小，网络越稳定。如访问某服务器的最大延迟是10ms，最小延迟为5ms，那么网络抖动就是5ms。如果网络发生拥塞，排队时延会影响端到端的延迟，可能造成从路由器A到路由器B的延迟忽大忽小，造成网络的抖动。

丢包率与网络抖动，对于实时应用依赖性较高的程序（如联网游戏）影响较大。可以使用一些在线工具来测试并查看当前网络的性能指标，如下图所示。

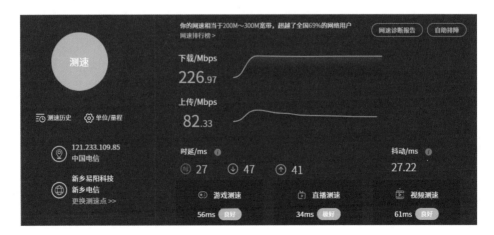

# ▶ 1.2 网络的标准化

在前面介绍网络的发展阶段中，第三阶段就是网络的标准化阶段，主要就是为了解决不同网络之间的网络通信问题。网络的标准化对于认识、研究和开发网络是必不可少的。下面介绍网络标准化的一些知识。

## ▶ 1.2.1 计算机网络体系结构

计算机网络体系结构是指计算机网络层次结构模型，它是各层的协议以及层次之间的端口的集合。在计算机网络中实现通信必须依靠网络通信模型及其协议。

### （1）网络体系结构的出现

20世纪70年代，网络开始发展，每个计算机厂商都有一套自己的网络体系结构，且互相不兼容，用户在购买时，需要考虑很多。1977年，ISO提出应该制订一个标准，按照该标准生产出来的东西就能够互相兼容和通信。经过多年的研究和开发，1983年，最终形成了OSI参考模型及正式的文件。但在研发的过程中，很多网络产品都在使用另一套标准，并且已经自行遵循并推广，形成一种统一的协议了，该标准也能互通。

早在20世纪70年代初期，美国国防部高级研究计划局（ARPA）为了实现异种网之间的互联与互通，大力资助网络技术的研究开发工作。ARPANET开始使用的是一种称为网络控制协议（network control protocol，NCP）的协议。随着ARPANET的发展，需要更为复杂的协议。1973年，引进了传输控制协议（transmission control protocol，TCP），随后在1981年引入了网际协议（internet protocol，IP）。1982年，TCP和IP被标准化为TCP/IP协议组，1983年取代了ARPANET上的NCP，并最终形成较为完善的TCP/IP体系结构和协议规范并被广泛应用于因特网中。

而厂商们在等待国际标准化组织的时候，发现TCP/IP也非常好，所以在研究期间都使用了该协议。随着协议的完善还有大批量的需求下，TCP/IP迅速占领了市场，以致此后的OSI参考模型出现后，也只能作为理论基础以供研究使用，而无法全面推广，直到现在。

### （2）OSI参考模型固有缺点

OSI参考模型只获取了一些理论研究成果，在市场上却输给了TCP/IP标准，主要问题有以下几点：

- OSI标准没有商业驱动力，而TCP/IP与因特网紧密联系。
- OSI协议实现起来过分复杂且运行效率较低。
- OSI制订周期过长无法迅速普及，无法与TCP/IP协议设备争夺市场。

- OSI的层次划分导致有些功能会重复，不利于功能的细化与实现。

## （3）网络层次结构模型

计算机网络是一个复杂的系统，为降低设计和实现难度，OSI参考模型采用分层的设计思想，将整个庞大而复杂的问题划分为若干个容易处理的小问题，将整体功能分为几个相对独立的子功能层次，各层次之间进行有机的连接，下层为上层提供必要的功能服务，这就是网络层次结构模型。虽然OSI并没有具体的实际应用，但在学习网络时，我们仍然需要了解OSI参考模型的内容和定义，以方便理解网络。

在OSI中，采用了三级抽象，即体系结构、服务定义、协议规格说明。

**知识拓展**　**分层原则**

各层的功能及技术实现要有明显的区别，各层要互相独立。每层都应有定义明确的功能。应当选择服务描述最少、层间交互最少的地方作为分层点。层次数量要适当，同时还要根据数据传输的特点，使通信双方形成对等层的关系。对于每一层功能的选择应当有利于标准化。

## （4）网络体系结构术语

在学习网络体系结构时，需要了解一些专业术语的含义，以便更好地理解网络体系中的一些内容。

① 实体与对等实体　任何可以发送或接收信息的硬件或软件进程称为实体。不同网络设备上位于同一层次、完成相同功能的实体称为对等实体。

② 协议　网络协议是对等实体之间交换数据或通信时所必须遵守的规则或标准的集合。网络协议有以下三个要素：

- **语法**：确定通信双方"如何讲"，定义了数据格式、编码和信号电平等。
- **语义**：确定通信双方"讲什么"，定义了用于协调同步和差错处理等控制信息。
- **时序**：同步规则，确定通信双方"讲话的次序"，定义速度匹配和排序等。

在同一系统中相邻两层的实体进行交互的地方通常称为服务访问点，即接口。

什么是接口？

③ 服务原语　上层使用下层所提供的服务必须与下层交换一些命令，这些命令被称为服务原语。服务原语包括：

- **请求：**由服务用户发往服务提供者，请求它完成某项工作，如发送数据。
- **指示：**由服务提供者发往服务用户，指示发生了某些事件。
- **响应：**由服务用户发往服务提供者，作为对前面发生的指示的响应。
- **确认：**由服务提供者发往服务用户，作为对前面发生的请求的证实。

④ 服务数据单元、协议数据单元和接口数据单元　服务数据单元（service data unit，SDU），指的是第n层待传送和处理的数据单元。

协议数据单元（protocol data unit，PDU），指的是同等层水平方向传送的数据单元。它通常是将服务数据单元分成若干段，每一段加上报头，作为单独协议数据单元在水平方向上传送。

接口数据单元（interface data unit，IDU），指的是在相邻层接口间传送的数据单元，它由服务数据单元和一些控制信息组成。

> **⚠注意事项 服务与协议的区别**
> 协议是"水平的"，控制对等实体之间通信的规则。服务是"垂直的"，由下层向上层通过层间接口提供。

## ▶ 1.2.2 OSI参考模型

OSI/RM（open system interconnection reference model，开放式通信系统互联参考模型，简称OSI）是国际化标准组织ISO于1983年发布的ISO7498标准。模型将计算机网络通信协议分为七层，如下图所示，从低到高分别是物理层、数据链路层、网络层、传输层、会话层、表示层和应用层，所以也叫OSI七层模型。

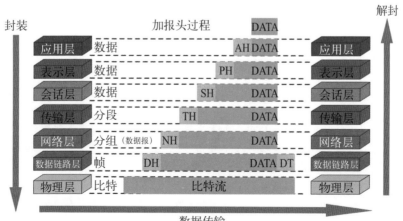

模型中的数据流向是垂直的，由一侧进程将数据向下，一层层进行转换到达物理层后，传输给对方。在对方处再从下向上一层层进行转换，最终到达用户的进程中。发送时，从上而下的数据都会按照每一层的标准对上层交付的数据进行填充并分割成标准数据块，然后被加上本层的标识（识别和控制信息），也就是图中各层的AH、PH、SH、TH、NH、DH头部信息（DT是数据链路层加入的尾部信息）后交给下一层。而对端会从下而上，在每一层去掉本层的封装，对数据重新组合后，交给上层进行进一步处理。相同层可以互相读懂对方的意思。

为什么还要对数据进行填充？这不会增大传输代价吗？

不会，数据在进行封装时，会按照标准分割上层数据，如果分割后的数据长度过小，会不满足相应的传输标准，此时会按照协议规范进行填充。这些对用户来说都是透明的。

## （1）物理层

一般按照由下向上的顺序进行研究，此时物理层是OSI参考模型的第一层，处于参考模型最底层。物理层的任务就是利用传输介质为上层（数据链路层）提供物理连接，实现比特流的透明传输。物理层定义了通信设备与传输线路接口的电气特性、机械特性、应具备的功能等。物理层需要考虑比如如何产生"1""0"的电压大小、变化间隔多久、电缆是如何与网卡连接、如何开始建立链路、如何传输数据、结束后如何撤销连接等问题。物理层负责在数据终端设备、数据通信和交换设备之间完成数据链路的建立、保持和拆除操作。这一层关注的问题大都是机械接口、电气接口、过程接口以及物理层以下的物理传输介质等。

## （2）数据链路层

数据链路层是OSI参考模型中的第二层，介于物理层和网络层之间，向网络层提供服务。该层将源自网络层的数据按照一定格式分割成数据帧，然后将数据帧按顺序送出，等待由接收端送回的应答帧。

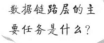

数据链路层的作用，主要是解决网络上两个网络节点之间的通信问题。

数据链路层的主要任务是什么？

数据帧包含物理地址（MAC地址）、控制码、数据以及校验码等信息。该层主要有以下功能。

- 数据链路连接的建立、拆除、分离。
- 帧定界和帧同步：链路层的数据传输单元是帧，每一帧包括数据和一些必要的控制信息。根据所使用的协议不同，帧的长短和界面也有差别，所以必须对帧进行定界。另外还要调节发送速率使之与接收方相匹配。
- 顺序控制，指对帧的收发顺序的控制。
- 差错检测、恢复、链路标识、流量控制等：因为传输线路上有大量的噪声，所以传输的数据帧有可能被破坏。差错检测多用方阵码校验和循环码校验来检测信道上数据的误码，而帧丢失等用序号检测。各种错误的恢复则常靠反馈重发技术来完成。

数据链路层的目标就是在两个相连节点之间建立数据链路，把一条可能出错的链路转变成让网络层看起来就像一条不出差错的理想链路，将发送方发送的数据帧可靠地传输到接收方。除了网桥外，工作在该层上的交换机称为"二层交换机"，就是按照存储的MAC地址表进行数据传输。

## （3）网络层

网络层又被称为通信子网层，是通信子网与资源子网的接口，为传输层提供服务，负责解决如何使数据包通过各节点传输，还有管理网络地址、定位设备、决定路由的作用，如我们熟知的IP协议和路由器就是工作在这一层。上层（传输层）的数据段在这一层被分割，封装后叫做包或分组，包有两种：一种叫做用户数据包，是上层传下来的用户数据；另一种叫路由更新包，是直接由路由器发出来的，用来和其他路由器进行路由信息的交换。网络层负责对子网间的数据包进行路由选择。网络层的主要作用有：

- 数据包封装与解封。
- 异构网络互联：用于连接不同类型的网络，使终端能够通信。
- 路由与转发：指按照复杂的分布式算法，根据从各相邻路由器所得到的关于整个网络拓扑的变化情况，动态地改变所选择的路由。并根据转发表将用户的IP数据报从合适的端口转发出去。
- 拥塞控制：获取网络中发生拥塞的信息，从而利用这些信息进行控制，以避免由于拥塞而出现分组的丢失以及严重拥塞而产生网络死锁的现象。

除了IP协议外，该层还有ICMP协议、ARP协议、RARP协议、IPX协议等。除了路由器外，工作在该层的设备还有三层交换机等。

在网络层，路由器会根据路由表中规定的下一跳地址或端口，将数据转发给不同的出口，把数据交给下一个路由器。

数据在网络层根据什么进行转发？

### （4）传输层

传输层负责将上层数据分段，并提供端到端的、可靠的或不可靠的透明数据传输。此外，传输层还要处理端到端的差错控制和流量控制问题。传输层的任务是提供建立、维护和取消传输连接的功能，负责端到端的可靠数据传输。该层向上层屏蔽了下层数据通信的细节，使高层用户看起来只是在两个传输实体之间的一条主机到主机的、可由用户控制和设定的、可靠的数据通路。在这一层，信息传送的协议数据单元称为段或报文。通常说的TCP三次握手、四次断开就是在本层完成。

网络层只是根据网络地址将源节点发出的数据包传送到目的节点，而传输层则负责将数据可靠地传送到相应的端口。典型的传输层协议有传输控制协议（transmission control protocol，TCP）、用户数据报协议（user datagram protocol，UDP）等。

**知识拓展** **点到点与端到端的连接** ✐

点到点是主机到主机之间的通信，在下三层中，数据主要在网络通信设备中，也就是在通信子网中传输，也可以说是节点间的传输。各网络设备只要能解析到网络层，就可以传输数据了。而能通过传输层进行数据解析，才真正到达了对端，也才能进一步提取上层数据，从而达到系统进程的级别。

### （5）会话层

会话层管理主机之间的会话进程，即负责建立、管理、终止进程之间的会话。会话层还利用在数据中插入校验点来实现数据的同步。

会话层不参与具体的数据传输，利用传输层提供的服务，在本层提供会话服务（如访问验证）、会话管理和会话同步等功能在内的，建立和维护应用程序间通信的机制，如最常见的服务器验证用户登录便是由会话层完成的。另外本层还提供单工（simplex）、半双工（half duplex）、全双工（full duplex）三种通信模式的服务。

会话层服务包括会话连接管理服务、会话数据交换服务、会话交互管理服务、会话连接同步服务和异常报告服务等。会话服务过程可分为会话连接建立、报文传送和会话连接释放三个阶段。

会话层的服务有哪些？

### （6）表示层

表示层主要处理流经端口的数据代码的表示方式问题。表示层的作用之一是为异种机通信提供一种公共语言，以便能进行互操作。这种类型的服务之所以需要，是因为不同的计算机体系结构使用的数据表示法不同，例如IBM主机使用EBCDIC编码，而大部分PC机使用的是ASCII码，所以便需要本层完成这种转换。表示层主要包括如下服务：

- **数据表示**：解决数据语法表示问题，如文本、声音、图形图像的表示，确定数据传输时数据结构。
- **语法转换**：为使各个系统间交换的数据具有相同的语义，应用层采用的是对数据进行一般结构描述的抽象语法。表示层为抽象语法指定一种编码规则，便构成一种传输语法。
- **语法选择**：传输语法与抽象语法之间是多对多的关系，一种传输语法可对应多种抽象语法，而一种抽象语法也可对应多种传输语法。所以传输层应能根据应用层的要求，选择合适的传输语法传送数据。对传送信息加密、解密也是表示层的任务之一。
- **连接管理**：利用会话层提供的服务建立表示连接，并管理在这个连接之上的数据传输和同步控制，以及正常或异常地释放这个连接。

### （7）应用层

应用层是OSI参考模型的最高层，直接为应用程序提供服务的，是用户与网络的接口。其作用是在实现多个系统应用进程相互通信的同时，完成一系列业务处理所需的服务，如用于确定通信对象，并确保有足够的资源用于通信。应用层向应用程序提供服务，为操作系统或网络应用程序提供访问网络服务的接口。这些服务按其向应用程序提供的特性分成组，并称为服务元素。有些可为多种应用程序共同使用，有些则为较少的一类应用程序使用。

应用层通过支持不同应用协议的程序来解决用户的应用需求，如常见的文件传送协议（file transfer protocol，FTP）、超文本传送协议（hyper text transfer protocol，HTTP）、域名系统（domain name system，DNS）等。

> **注意事项 Internet 与 internet**
>
> Internet，因特网，是专用名词，指当前全球最大的、开放的、由众多网络相互连接而成的特定计算机网络，采用 TCP/IP 协议簇作为通信的规则。internet，互联网或互连网，是通用名词，泛指由多个计算机网络互连形成的网络。

## ▶ 1.2.3　TCP/IP参考模型

OSI参考模型虽然非常全面和详细，但是现在几乎找不到使用OSI的应用实例，而用得最多的就是TCP/IP参考模型了。TCP/IP协议（transmission control protocol/internet protocol），中译名为传输控制协议/因特网互联协议，又名网络通信协议。TCP/IP协议是Internet最基本的协议，也是国际互联网络的基础，由网络层的IP协议和传输层的TCP协议组成。TCP/IP协议是最常用的一种协议，也可以算是网络通信协议的一种通信标准协议，同时它也是最复杂、最庞大的一种协议。

OSI参考模型没有考虑任何一组特定的协议，所以OSI模型更具有通用性。而TCP/IP参考模型与TCP/IP协议簇吻合得非常好，使得其不适用于其他任何协议栈。正因为如此，在实际应用中，没有考虑协议的OSI模型应用范围较窄，而人们更愿意使用TCP/IP分层模型去分析并解决实际问题。

TCP/IP协议定义了电子设备如何连入因特网，以及数据传输的标准。协议采用了4层的层级结构，分别为应用层、传输层、网络层和网络接口层。每一层都呼叫它的下一层所提供的网络协议来完成本层的需求。TCP负责发现并处理传输中出现的问题，出现问题后，会要求重新传输，直到所有数据安全正确地传输到目的地。而IP是给因特网的每一台联网设备规定一个地址，以方便传输。TCP/IP参考模型与OSI七层模型的关系，以及每层常见的协议如下图所示。

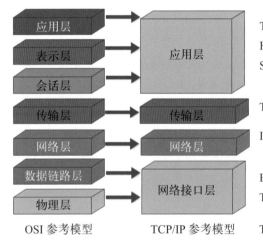

OSI 参考模型　　　　TCP/IP 参考模型　　TCP/IP 各层主要协议

TCP/IP的网络接口层对应了OSI模型的物理层与数据链路层，而应用层对应了OSI模型的会话层、表示层与应用层。这种对应并不是简单的合并关系，而是一种映射关系，通过这种映射简化OSI分层过细的问题，突出了TCP/IP的功能要点。

TCP/IP完全撇开了网络的物理特性，它把任何一个能传输数据分组的通信系统都看作网络。这种网络的对等性大大简化了网络互连技术的实现。TCP/IP通信协议具有灵活性，支持任意规模的网络，几乎可连接所有的服务器和工作站。它的灵活性也带来了它的复杂性，它需要针对不同网络进行不同设置，且每个节点至少需要一个"IP地址"、一个"子网掩码"、一个"默认网关"和一个"主机名"。但是在局域网中微软为了简化TCP/IP协议的设置，在NT中配置了一个动态主机配置协议（DHCP）。

知识拓展

## DHCP 协议

动态主机配置协议DHCP（dynamic host configuration protocol），允许服务器向客户端动态分配IP地址等网络配置信息。

### （1）网络接口层

对应OSI模型中的数据链路层和物理层，TCP/IP参考模型的网络接口层实际上并没有真正的定义，只是一些概念性的描述。而OSI参考模型不仅分了两层，而且每一层的功能都很详尽，甚至在数据链路层又分出一个介质访问子层，专门解决局域网的共享介质问题。但实际上TCP/IP并未定义该层的协议，所以可以理解为支持所有标准和专用的协议，其中的网络可以是局域网、城域网或广域网。所以从这个角度来说，TCP/IP实际上只有三个层。

### （2）网络层

TCP/IP参考模型的互联网层和OSI参考模型的网络层在功能上非常相似。其功能主要包含三个方面。

- 处理来自传输层的分组发送请求，收到请求后，将分组装入IP数据报，填充报头，选择去往目的地的路径，然后将数据报发往适当的网络接口。
- 处理输入数据报。首先检查其合法性，然后进行寻径：假如该数据报已到达目的主机，则去掉报头，将剩下部分交给相关的传输协议；假如该数据报尚未到达目的主机，则转发该数据报。
- 处理路径、流控、拥塞等问题。

### （3）传输层

OSI参考模型与TCP/IP参考模型的传输层功能基本相似，都是负责为用户提供真正的端对端的通信服务，也对高层屏蔽了底层网络的实现细节。所不同的是TCP/IP参考模型的传输层是建立在网络层基础之上的，而网络层只提供无连接的网络服务，所以面向连接的功能完全在TCP协议中实现，当然TCP/IP的传输层还提供无连接的服务，如UDP。OSI参考模型的传输层是建立在网络层基础之上的，网络层既提供面向连接的服务，又提供无连接的服务，但传输层只提供面向连接的服务。

知识拓展

## 数据单元

在网络中信息传送的单位称为数据单元。数据单元可分为协议数据单元（PDU）、接口数据单元（IDU）和服务数据单元（SDU）。

### （4）应用层

TCP/IP协议的应用层对应OSI七层模型的应用层、表示层、会话层，因为在实际应用中，所涉及的表示层和会话层功能较弱，所以将其归入了新的应用层。实际中，用户使用的都是应用程序，均工作于应用层。互联网是开放的，用户都可以开发自己的应用程序，数据多种多样。所以必须规定好数据的组织形式，而应用层功能就是规定应用程序的数据格式。

## ▶ 1.2.4　两种模型的比较

TCP/IP参考模型与OSI参考模型有很多共同点，但在某些方面也有区别。

### （1）共同点

两者的共同点如下：
- 两者都以协议栈概念为基础，并且协议栈中的协议彼此相互独立。
- 两个模型中各层的功能大致相似。
- 在这两个模型中，传输层之上的各层都是传输服务的用户，并且是面向应用的。

### （2）不同点

两者的不同点如下：
- OSI参考模型的最大贡献在于明确区分了三个概念，即服务、接口和协议。而TCP/IP模型并没有明确区分服务、接口和协议。因此OSI参考模型中的协议比TCP/IP模型中的协议具有更好的隐蔽性，当技术发生变化时OSI参考模型中协议更容易被新协议所替代。
- OSI参考模型在协议发明之前就已经产生了。这种顺序关系意味着OSI模型不会偏向于任何一组特定的协议，这个事实使得OSI模型更具有通用性。但这种做法也有缺点，那就是设计者在这方面没有太多的经验，因此对于每一层应该设置哪些功能没有特别好的主意，例如数据链路层最初只处理点到点网络。当广播式网络出现后，必须在模型中嵌入一个新的子层。而且，当人们使用OSI模型和已有协议来构建实际网络时，才发现这些网络并不能很好地满足所需的服务规范，因此不得不在模型中加入一些汇聚子层，以便提供足够的空间来弥补这些差异。

而TCP/IP却正好相反：先有协议，TCP/IP模型只是已有协议的一个描述而已。所以，毫无疑问，协议与模型高度吻合，而且两者结合得非常完美。唯一的问题在于，TCP/IP模型并不适合任何其他协议栈。因此，要想描述其他非TCP/IP网络，该模型并不很有用。

TCP/IP一开始就考虑到多种异构网的互连问题，将网际协议(IP)作为TCP/IP的重要组成部分，并且作为从Internet上发展起来的协议，已经成了网络互连的事实标准。但是，目前还没有实际网络是建立在OSI七层模型基础上的，OSI仅仅作为理论的参考模型被广泛使用。

## ▶ 1.2.5 TCP/IP五层原理参考模型

OSI模型是在协议开发前设计的，具有通用性。TCP/IP是先有协议集然后建立模型，不适用于非TCP/IP网络。OSI参考模型有七层结构，而TCP/IP有四层结构。所以为了学习完整体系，一般采用一种折中的方法：综合OSI模型与TCP/IP参考模型的优点，采用一种原理参考模型，也就是TCP/IP五层原理参考模型，其与其他参考模型的对比如下图所示。在以后的讲解中，都会以TCP/IP五层原理参考模型为例。

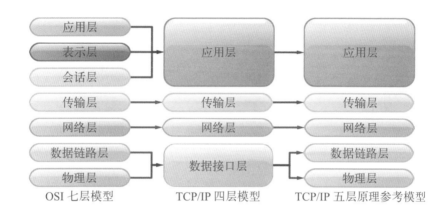

OSI 七层模型　　　　TCP/IP 四层模型　　　TCP/IP 五层原理参考模型

五层原理参考模型将TCP/IP模型的数据接口层重新划分为物理层与数据链路层，与OSI的对应层作用一致，其余各层的作用与TCP/IP各层作用一致，主要为了方便学习研究。

## ▶ 1.3 网络的分类

网络的分类按照不同的标准有不同的分类方法，最常见的是按照网络的分布距离、覆盖范围，将网络划分为局域网、城域网和广域网三种。

在局域网下还可以存在个域网（personal area network，PAN），通常是围绕个人而搭建的网络，范围在10m以内，通常包含计算机、智能手机或其他终端设备、个人外设等。可以通过线缆、无线等进行设备间的连接，用来传输各种音视频文件数据等。

### ▶ 1.3.1 局域网

局域网（local area network，LAN）覆盖范围一般在1km以内，最大不超过10km，可以是一个或多个房间、一个或多个楼层、一栋或一组建筑等。将各种计算机终端及网络终端设备，通过有线或者无线的传输方式组合起来。实现文件或资源共享、共享上网、共享打印、统一控制等功能。特点是分布距离近、建设成本低、组网方便灵活、用户数量相对较少、时延低、传输速度快。目前大部分为100Mb/s，并且在向1000Mb/s及更高的速度过渡。局域网使用的是以太网技术标准，应用较多的就是家庭或小型企业局域网。

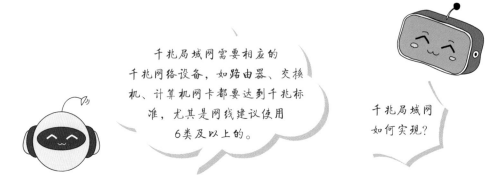

千兆局域网需要相应的千兆网络设备，如路由器、交换机、计算机网卡都要达到千兆标准，尤其是网线建议使用6类及以上的。

千兆局域网如何实现？

在日常使用网络的过程中，接触最多和使用频率最高的就是局域网。作为基础性的网络，局域网技术的应用非常广泛，局域网也是组成Internet的基础性网络。所以在进行网络知识学习时，首先应重点学习局域网相关知识。

### ▶ 1.3.2 城域网

城域网（metropolitan area network，MAN）范围通常为几千米到几十千米，是介于局域网和广域网之间的一种大范围的高速网络，一般覆盖整个城市，可以是一种单一的网络，如有线电视网，也可以是多个局域网组合而成的网络。通常使用高容量的骨干网技术，以及光纤链路来进行连接。与局域网相比，范围更广、连接的设备更多、技术更复杂。城域网的组建者主要是大型企业集团、ISP服务商、电信部门等。

### ▶ 1.3.3 广域网

广域网（wide area network，WAN）范围非常大，可以是几个城市或整个国家，可以横跨大洲甚至覆盖全球。传输距离从几十千米到几千或几万千米。最早的广域网代表就是ARPA网络。广域网的通信子网可以利用公用分组交换网、卫星通信网和无线分组交换网，达到资源共享的目的。广域网的特点是覆盖范围最广、通信距离最远、技术最复杂、建设费用和维护费用也最高。Internet就是广域网的一种，也是最大、最成功的广域网。

# ▶ 1.4 局域网概述

前面介绍网络的分类时已经介绍了局域网的定义，下面重点介绍局域网的结构、组成、技术标准等知识。

## ▶ 1.4.1 局域网的结构

局域网按照逻辑结构划分，可以将局域网分为总线型、星型、环型、树型、网状型和混合型等。

### （1）总线型拓扑

总线型网络拓扑使用单根传输导线作为传输介质，网络中的所有的节点都直接连接到该总线上。总线型网络的数据传输采用广播的方式，某个节点设备开始传输数据时，会向总线上所有的设备发送数据包，其他设备接收后，校验包的目的地址是否和自己的地址一致，如果相同则保留，如果不一致则丢弃。总线型网络的组网成本低，仅需铺设一条总线线路，不需要其他网络设备。但随着设备增多，每台设备的带宽逐渐降低，每台设备只能获取到1/$N$的带宽，如下图所示。而且线路发生故障后，排查困难。

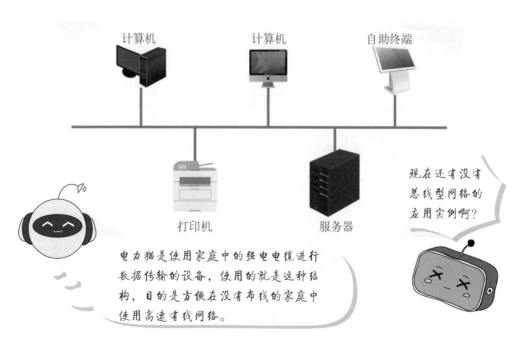

计算机　　计算机　　自助终端

打印机　　　　服务器

现在还有没有总线型网络的应用实例啊？

电力猫是使用家庭中的强电电缆进行数据传输的设备，使用的就是这种结构，目的是方便在没有布线的家庭中使用高速有线网络。

## （2）星型拓扑

星型拓扑结构网络由中心节点和其他从节点组成，中心节点可直接与从节点通信，而从节点间必须通过中心节点才能通信，中心节点执行集中式通信控制策略。在星型网络中，中心节点通常由集线器设备（如交换机）充当，如下图所示。

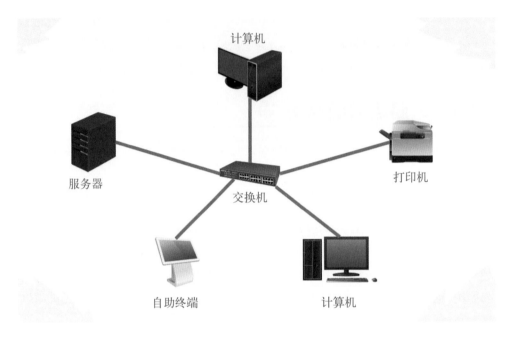

星型拓扑结构简单，可以使用网线直接连接，添加和删除节点方便，容易维护。一个节点坏掉，不影响其他节点的使用。升级时只要对中心设备进行更新。

但星型拓扑对中心设备的依赖度高，对中心设备的性能和稳定性要求较高，如果中心节点发生故障，整个网络将会瘫痪，这与第一阶段网络的缺点比较类似。

知识拓展　　**无线局域网的结构**

无线局域网使用了小型无线路由器作为中心节点设备，从拓扑逻辑角度来说，这种结构也属于星型拓扑，只是传输介质从线缆变成了电磁波。

## （3）环型拓扑

如果把总线型网络首尾相连，就是一种环型拓扑结构了，如下图所示。其典型代表就是令牌环局域网。在通信过程中，同一时间，只有拥有"令牌"的设备可以发送数据，发送完毕后将令牌交给下游的其他节点设备。该结构不需要特别的网络设备，实现简单，投资小。但是如果任何一个节点坏掉了，网络就无法通信，且排查起来非常困难。如果要扩充节点，网络必须中断。

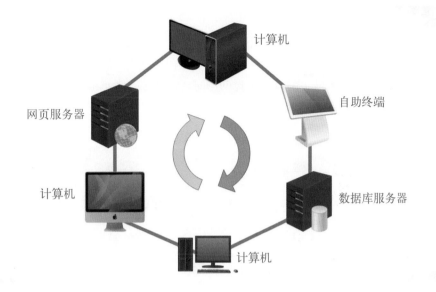

**令牌的回收**

如果线路过长，且不是一个闭合环路，那令牌如何回收呢？一般情况下，在环的两端通过一个阻抗匹配器来实现环的封闭，在实际组网过程中因地理位置的限制，很难做到环的两端物理连接。

## （4）树型拓扑

树型拓扑属于分级集中控制，在大中型企业中比较常见。将星型拓扑按照一定标准组合起来，就是树型拓扑结构，如下图所示。它的通信线路总长度较短，成本较低，节点易于扩充。网络中任意两个节点间不会产生环路，且支持双向传输，某个节点故障也不会影响其他节点之间的通信。这种网络拓扑一般应用于大中型公司或企业，网络中也采取了一些冗余备份技术，安全性和稳定性也比较高。

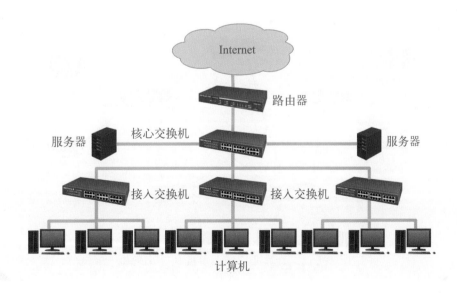

## （5）混合型拓扑

混合型拓扑结构由以上几种拓扑综合形成。在组建局域网时常采用星型拓扑结构，树型拓扑结构在大中型企业中比较常见。在实际中，很多情况也是上面几种网络的混合，如下图所示。所以在选择网络时，需要综合考虑成本、安装、配置、维护的难易程度、备份冗余措施等。

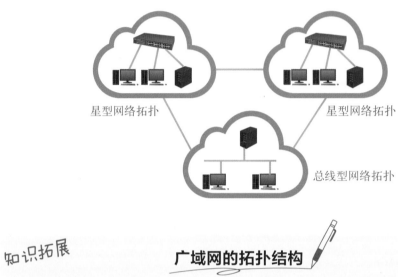

星型网络拓扑    星型网络拓扑

总线型网络拓扑

知识拓展    **广域网的拓扑结构**

广域网中，经常使用的就是网状型拓扑，指将各网络设备节点与通信线路互连成不规则的形状，每个网络设备节点至少与其他两个节点相连，或者说每个网络设备节点至少有两条链路与其他网络设备连接，如下图所示。大型的互联网很多都采用这种结构。有些网络节点需要通过其他网络设备节点转发。

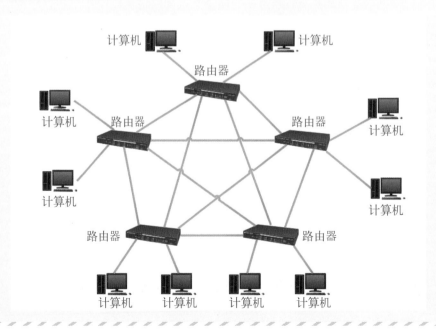

在网状型拓扑结构中几乎每个节点都有冗余链路，网络可靠性较高。因为有多条路径，路由器可以根据网络拥塞情况修改并选择最佳的路由路径，减少时延、改善流量分配、提高网络性能。该种模型非常适合大型广域网。

网状型拓扑结构的缺点主要是：结构复杂，不易管理和维护；线路较多，成本高；路径计算频繁，增加了路由器的负担。

网状型拓扑结构有什么缺点呢？

## ▶ 1.4.2　局域网的组成

在了解了局域网的结构后，下面介绍局域网的组成。局域网一般由硬件系统和软件系统两部分组成。

### （1）硬件系统

局域网的硬件系统决定了局域网的规模、档次、性能和组合方式。常见的硬件系统包括了各种数据通信设备、服务设备、传输介质以及各种终端设备。

① 通信设备　通信设备组成了通信子网，用来在局域网中产生、发送、接收、存储、转发、处理各种网络信号（数据包）。在局域网中，常见的通信设备有路由器（包括无线路由器，如下左图所示）、交换机（如下右图所示），其他的还有无线接入点（AP）、无线控制器（AC）、网卡、光纤Modem等。

准确地来说，Modem属于运营商设备，需要不同的运营商来设置验证参数后，才能允许接入该运营商的网络。自己购买的不一定符合运营商的要求，而且无法自己设置参数。

Modem可以自己购买吗？

② 服务器　服务器主要为局域网内部或外部提供各种网络服务，如网页服务、数据共享服务、DHCP服务、DNS服务、FTP服务等。服务器的硬件性能可能不如桌面级计算机的硬件，但是在稳定性、安全性和网络数据的处理方面要优于桌面级计算机。服务器的形式也有很多种，如塔式、刀片式、机架式等，如下左图所示。小型局域网可以使用NAS设备来实现服务器的功能，如下右图所示。

③ 传输介质　在局域网中，最常使用的介质就是双绞线了，如下左图所示。双绞线使用4对8根线来传输电信号，最大传输距离为100m，超6类非屏蔽双绞线的最大传输速度可以达到10000Mbps（10Gbps）。一些有传输距离及传输速度要求的局域网，采用光纤来传输数据，如下右图所示。光纤也叫做光导纤维，是一种由玻璃或塑料制成的纤维，光纤的容量大、损耗低、抗干扰强、可靠性高。常用的单模光纤传输距离可达100km。

知识拓展　**无线传输的介质**

根据不同的无线技术，最常使用的无线传输介质包括无线电波、微波以及红外线等。

## 知识拓展　光纤的传输原理

光纤利用光的全反射原理，光在光纤中的两种介质的接触面产生全反射，可以把光闭锁在光纤芯内部向前传播，即使经过弯曲的路光线也不会射出光纤之外。传输距离非常长。

④ 网络终端　网络终端就是使用局域网共享上网以及进行数据通信的设备，包括常见的计算机、网络智能终端、智能家电终端、网络支付设备（如下左图所示）、安全防护设备（如下右图所示）等。

## （2）软件系统

软件系统是局域网的灵魂，用来实现局域网所需要的所有功能。软件系统包括了网络操作系统以及各种网络协议。

① 网络操作系统　网络操作系统用统一的方法实现各主机之间的通信，管理和提升设备与网络相关的特性。网络操作系统也是其用户与各种设备之间的接口，为用户提供各种基本的网络服务，并保证数据的安全性。

网络操作系统包括了计算机使用的Windows（如下页左图所示）、Linux、macOS操作系统，智能手机使用的Android、IOS系统，网络通信设备使用的专有操作系统（如图下页右图所示），如TP-Link、思科等，一般由硬件生产厂商开发。

② 网络协议　网络协议是网络通信的双方必须共同遵从的一组约定，如怎样建立连接、如何传输数据、每次传输多少、如果发生了错误及故障怎么处理、如何断开连接等。只有遵守这个约定，网络设备之间才能相互通信。一个完整的通信流程会使用到许多协议，在网络操作系统会自动协商并使用这些协议进行通信。

比如TCP协议、UDP协议、IP协议、FTP协议、SMTP协议、HTTP协议、HTTPS协议、DNS协议等。

常见的网络协议有哪些？

## ▶ 1.4.3 局域网的技术标准

局域网所采用的技术有很多种类，最常见的就是以太网技术，被广泛应用于中小型网络中。除了以太网外，局域网常见的技术还有令牌环网、FDDI网、ATM网、无线网等技术。

### （1）以太网

电气和电子工程师协会（Institute of Electrical and Electronics Engineers，IEEE）下的IEEE 802.3工作组，为局域网定义了有线以太网的物理层和数据链路层的介质访问控制。通过各种类型的铜缆或光缆在节点与基础设施设备（集线器，交换机，路由器）之间建立物理连接。以太网是目前应用最普遍的局域网技术，取代了其他局域网技术如令牌环、FDDI和ARCNET等。

以太网又分为经典以太网（使用CSMA/CD的访问控制机制，将在后面章节详细介绍）以及交换式以太网（交换机的原理）。按照速度，以太网又分为以下几类：

① 标准以太网　10Mbps的吞吐量，最常见的4种类型为10Base5、10Base2、10Base-T、10Base-F，传输介质为粗缆、细缆、双绞线和光纤，基本已经被淘汰了。

② 快速以太网　100Mbps的速度，IEEE 802.3u标准，现在看到仅有该标准的网络设备，就不要购买了。

③ 千兆以太网 1000Mbps的速度，IEEE 802.3ab的双绞线标准以及IEEE802.3z的光纤标准。在其上还有IEEE 802.3bz的2500Mbps和5000Mbps。现在购买的设备建议至少支持ab的标准，用户可以查询所购设备的具体参数来判断其支持的标准，如下图所示。

| 2.4G Wi-Fi | 2×2（最高支持 IEEE 802.11ax协议，理论最高速率可达 574Mbps） |
| 5G Wi-Fi | 4×4（最高支持 IEEE 802.11ax协议，理论最高速率可达 4804Mbps） |
| 整机接口 | 1个10/100/1000/2500M 自适应 WAN/LAN口（Auto MDI/MDIX） |
| | 1个10/100/1000M 自适应 WAN/LAN口（Auto MDI/MDIX） |
| | 2个10/100/1000M 自适应 LAN口（Auto MDI/MDIX） |
| 协议标准 | IEEE 802.11a/b/g/n/ac/ax，IEEE 802.3/3u/3ab |

④ 万兆以太网 10Gbps的速度，IEEE802.3ae标准，有需要的用户可以使用该标准的网络设备、网卡、网线等。

**100G 以太网**

新的40G/100G以太网标准在2010年制定完成，包含若干种不同的节制类型，使用附加标准IEEE 802.3ba。

## （2）令牌环网

令牌环网是IBM公司于20世纪70年代发明的，现在这种网络比较少见。在老式的令牌环网中，数据传输速度为4Mbps或16Mbps，新型的快速令牌环网速度可达100Mbps。令牌环网的传输方法在物理上采用了星型拓扑，但逻辑上仍是环型拓扑结构。由于目前以太网技术发展迅速，令牌环网存在固有缺点，以致在整个计算机局域网已不多见。

## （3）FDDI网

光纤分布数据接口（FDDI）标准是由美国国家标准协会建立的一套标准，它使用基本令牌的环型体系结构，以光纤为传输介质，传输速率可达100Mbps，主要用于高速网络主干，能够满足高频宽信息的传输需求。

FDDI的特点：传输介质采用光纤，抗干扰性和保密性好；为备份和容错，一般采用双环结构，可靠性高；环的最大长度为100km，适用场合广；具有大型的包规模和较低的差错率，能够满足宽带应用的要求；但造价太高，主要应用于大型网络的主干网中。

## （4）ATM网

ATM是高速分组交换技术，中文名为"异步传输模式"。其基本数据传输单元是信元。在ATM交换方式中，文本、语音、视频等所有数据被分解成长度固定的信元，信元由一个5B的元头和一个48B的用户数据组成，长度为53B。

如同轿车在繁忙交叉路口必须等待长卡车转弯一样，可变长度的数据分组容易在交换设备处引起通信延迟，而固定信元大小就可以克服该缺点。

固定信元大小有什么好处？

ATM网的网络用户可以独享全部频宽，即使网络中增加计算机的数量，传输速率也不会降低。由于ATM数据被分成等长的信元，能够比传统的数据包交换更容易达到较高的传输速率。能够同时满足数据及语音、影像等多媒体数据的传输需求。可以同时应用于广域网和局域网中，无须选择路由，可以大大提高广域网的传输速率。

### （5）无线网

无线局域网与传统的局域网主要不同之处就是传输介质不同，传统局域网是通过有形的传输介质进行连接的，如同轴电缆、双绞线和光纤等，而无线局域网则是采用无线电波作为传输介质的。它摆脱了有形传输介质的束缚，所以这种局域网的最大特点就是自由，只要在网络的覆盖范围内，可以在任何一个位置连接网络，并与服务器及其他终端设备连接，而不需要重新铺设电缆。这一特点非常适合移动办公，以及机场、宾馆、酒店等地点使用。

无线局域网所采用的是802.11系列标准（Wi-Fi），它也是由IEEE 802标准委员会制定的。目前这一系列主要标准有802.11b（ISM 2.4GHz，11Mbps）、802.11a（5GHz，54Mbps）、802.11g（ISM 2.4GHz，54Mbps）、802.11n（2.4/5GHz 600Mbps）、802.11ac（2.4GHz和5GHz 2.3Gbps）、802.11ax（2.4GHz和5GHz，10Gbps）。ax也就是现在说的Wi-Fi 6，现在的情况，普通用户选择主流的ac即可，喜欢尝鲜且有一定知识基础的用户，可以考虑配备Wi-Fi 6的路由器和终端设备。

知识拓展　　**蓝牙技术**

蓝牙技术是一种无线数据和语音通信开放的全球规范，它是基于低成本的近距离无线连接，为固定和移动设备建立通信环境的一种特殊的近距离无线技术连接，在智能手机和智能穿戴设备中应用较广。

## \\ 专题拓展 //

# Internet 的发展

提到网络，不得不提因特网（Internet）。当下使用覆盖范围最广、使用最多的互联网络就是因特网。因特网的发展历史也是网络的主要发展历史。

最早时期的网络是以核心计算机为中心的星型网络，是在计算机出现后发展出来的，但该种网络的弊端非常大。

前面介绍了公认的具有划时代意义的ARPA网络（ARPANET），将位于洛杉矶的加利福尼亚大学、位于圣芭芭拉的加利福尼亚大学、斯坦福大学，以及位于盐湖城的犹他州州立大学的计算机主机连接起来。

此后ARPANET的规模不断扩大，到20世纪70年代节点数量已经超过60个，网络主机有100多台，连通了美国东西部的许多大学和科研机构，并通过卫星与夏威夷和欧洲地区的计算机网络实现了互联互通。因为网络类型众多，在此期间ARPA开始研究多种网络互联的技术。

20世纪80年代TCP/IP协议成为ARPANET的标准协议，通过该协议，所有的计算机网络之间就可以互相通信，互联网的范围进一步扩大。在此期间，美国国家科学基金会NSF（National Science Foundation），围绕六个大型计算机中心建设计算机网络，即国家科学基金网（NSFNET）。NSFNET是一个三级网络结构，覆盖了全美国主要的大学和研究所，成为因特网中主要组成部分。

1990年，ARPANET正式宣布关闭，完成了自己的试验使命，因特网进入了全球范围、划时代的发展阶段。

1991年是因特网的爆发期，网络不再局限于美国，世界上的大量公司纷纷接入因特网。同时，政府将因特网的主干网转交给私人公司经营，开启了因特网的商业化。随后，逐渐形成了多层次ISP（internet service provider，互联网服务提供商）结构的因特网。从1993年开始，NSFNET逐渐被若干个商用的因特网主干网替代，政府机构不再负责因特网的运营。任何组织和个人在向ISP申请并满足要求后，都可以接入因特网。

# 计算机网络，网联万物。

第 **2** 章

# 网络基础工程师——物理层

本章重点难点

物理层传输介质　　　数据通信技术

数据交换技术　　　信道复用技术

宽带接入技术

按照OSI参考模型或者TCP/IP五层原理参考模型，第一层就是物理层。如果将OSI看成一座大楼，那么物理层就是这座大楼的地基，所有的数据最终都要汇总到物理层中变成0或1进行传输。物理层的设备和线路都是可以实实在在看得到摸得着的。物理层主要解决的是链路的传输介质、编码调制、数据交换、信道复用等技术。本章就将向读者介绍物理层的相关知识。

# 首先，在学习本章内容前，先来几个问题热热身。

**热身问题**

物理层主要关注的就是比特流传输问题，通过多种技术来构建传输链路。

**初级：** 常见的网络有线连接介质有哪些？

**中级：** 常见的数据交换技术有哪些？

**高级：** 信道复用技术有哪些？

**参考答案**

**初级：** 常见的网络有线连接介质包括同轴电缆、双绞线以及光纤。

**中级：** 包括电路交换、报文交换以及分组交换。

**高级：** 包括频分复用技术、波分复用技术、时分复用技术、码分复用技术。

看不懂也没关系，本章就将向读者解释这些内容。下面来进行我们的讲解吧。

# ▶ 2.1 认识物理层

物理层是OSI的一层，它虽处在最底层，却是整个参考模型系统的根基。物理层为设备间的数据通信带来传输媒体及互联设备，为传输数据带来稳定的环境。倘若用户要想用尽可能少的词来记住这一层，那便是"信号和介质"。

## ▶ 2.1.1 物理层的功能

物理层主要功能是完成相邻节点之间比特流的传输，为设备之间的数据通信提供传输媒体，提供可靠的传输环境。物理层主要研究的问题有：要尽可能屏蔽掉物理设备、传输媒体和通信手段，使数据链路层感觉不到这些差异，只考虑完成本层的协议和服务，完成在一条物理的传输媒体上发送和接收比特流（一般为串行，按顺序传输的比特流）的能力。为此，物理层需要解决物理连接的建立、维持和释放问题，以及在两个相邻系统之间确定唯一的标识数据电路。基于这些，物理层的主要功能有以下内容。

### （1）提供数据传输通道

为数据端设备提供传送数据的通道，数据通道可以是一个物理媒体，也可以是多个物理媒体连接而成。一次完整的数据传输，包括激活物理连接、传送数据、终止物理连接。

所谓激活，就是不管有多少物理媒体参与，都要确保在通信的两个数据终端设备间连接起来，形成一条通路。

什么是激活？

### （2）信号调制及转换

对信号进行调制及转换，让设备中的数字信号（比特流）定义能够与传输介质上传送的信号（如电信号、光信号、电磁波信号等）相匹配，使这些信号可以通过有线信道和无线信道进行传输。

### （3）传输数据

物理层要形成适合数据传输需要的实体，为数据传送服务。一是要保证数据能在其上正确通过，二是要提供足够的带宽，以减少信道上的拥塞。传输数据的方式能满足点到点、一点到多点、串行或并行、半双工或全双工、同步或异步传输的需要。

### （4）提供服务

实现比特流的透明传输，并为其上层——数据链路层提供服务。由于物理层的设备种类非常多，通信方式也不同，物理层所做的就是尽可能屏蔽掉这些差异，让数据链路层感受不到，更专注于本层的协议与服务，只管享受到物理层提供的服务即可，做到透明传输。同时物理层也进行一些管理工作。

## ▶ 2.1.2　物理层特性

物理层主要研究的是设备的机械特性、电气特性、功能特性以及过程特性。并确保按照这些标准生产的不同厂家的网络设备之间可以相互连接及通信。

### （1）机械特性

机械特性也称为物理特性，指通信实体之间硬件连接接口的机械特点。具体研究的内容如物理接口（插头与插座）是什么样子（也就是形状和尺寸）、有多少插针、插孔插针芯的数量、排列方式、每个插针的作用、有多少引线、如何排列、固定和锁定装置的形式等。比如常见的网线接口RJ45（如下左图所示）、RS232的接口（如下右图所示），如果要确保传输数据的可行性和稳定性，必须要按照这一标准确定相关参数。

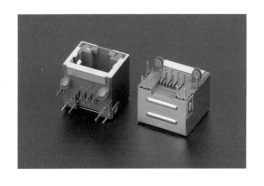 

### （2）电气特性

电气特性指通信实体之间硬件接口的各根导线的电气连接及有关电路的特征。具体包括收发器的电路特征说明、信号电压范围、信号间隔和持续时间、信号强度控制、最大传输速率的说明、与互连电缆有关的规则、收发器输入输出抗阻等电气参数。

### （3）功能特性

功能特性指通信实体间硬件连接接口的各信号线的用法和用途，比如各信号线的作用、如何建立及终止这个发送过程、信号能否实现双向传输等。接口信号线一般可以分为接地线、数据线、控制线、定时线等。

### （4）过程特性

过程特性也叫做规程特性，主要指通信实体之间硬件连接接口中各信号线之间的工作过程与时序的关系。接口信号线的过程特性指明了利用接口传输比特流的操作过程及各项用于传输事件发生的合法顺序，包括事件的执行顺序、各信号线的工作顺序和时序以及数据传输方式等，从而实现比特流通过接口在通信实体之间的稳定传输。

## ▶ 2.2  物理层通信介质

凡是可以传输信号的物体都可以称得上是传输介质，现在使用较多、比较常见的主要是同轴电缆、双绞线以及光纤等。下面介绍这些传输介质的特点及应用等。

### ▶ 2.2.1  同轴电缆

同轴电缆，最早用于局域网，如常见的总线型网络中。同轴电缆由中间的铜制导线（也叫做内导体）、外面的导线（叫做外导体），以及两层导线之间的绝缘层和最外面的保护套组成。有些外导体做成了网状结构，且在外导体和绝缘层之间使用了铝箔进行了隔离，如下左图所示就是常见的射频同轴电缆。有些通过对外导体开口的控制，可将受控的电磁波能量沿线路均匀地辐射出去及接收进来，实现对电磁场盲区的覆盖，以达到移动通信畅通的目的，叫做漏泄同轴电缆，如下右图所示。

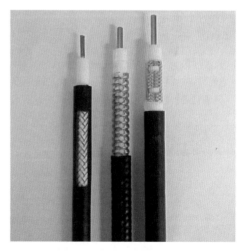

另外，同轴电缆的两端需要有终结器，一般使用50Ω或者75Ω的电阻连接内外导体。同轴电缆分为基带同轴电缆和宽带同轴电缆。宽带同轴电缆主要用于高带宽的数据通信，支持多路复用，一般用于有线电视的数据传输。而之前局域网通常使用的是50Ω的基带同轴电缆，速度基本上能达到10Mb/s。

同轴电缆可以传递数字及模拟信号，在2000年左右，同轴电缆的应用达到了历史最高峰。但由于总线型网络的固有缺点以及成本因素，逐渐淡出了局域网领域，而同轴电缆也被双绞线所代替。

**知识拓展**

### 同轴电缆的新应用

随着无线通信产业的发展，移动通信信号覆盖逐渐扩大。在基站的扩增中，同轴电缆起到了关键作用，尤其是漏泄同轴电缆，兼具射频传输线及天线收发双重功能，主要应用于无线传输受限的地铁、铁路隧道的覆盖以及大型建筑的室内覆盖等。另外在监控领域，同轴电缆可以作为音视频传输载体，应用也非常广泛。有些音频线也使用了同轴电缆，叫做同轴音频线，用来传输模拟信号。

## ▶2.2.2　双绞线

双绞线是最常使用的传输介质。拆开双绞线可以发现，双绞线由8根具有不同颜色绝缘保护层的铜导线组成，它们根据颜色两两缠绕，共分为4组。这样，每一根导线在传输过程中所产生的电磁波，会被另一根上发出的电磁波所抵消，从而减小损耗。另外，双绞的线缆也可以有效抵御部分来自外界的信号干扰。双绞线被广泛应用到局域网中，用来传输网络信号。

**知识拓展**

### 双绞线传输的信号

双绞线既可以传输模拟信号，也可以传输数字信号。对于模拟信号，在传输距离过大时，需要添加放大器将衰减的信号放大到合适强度。对于数字信号，则应使用中继设备，以便对失真信号进行整形。

### （1）非屏蔽与屏蔽双绞线

最常见的双绞线叫做非屏蔽双绞线（unshielded twisted pair，UTP），如下左图所示，而常见的屏蔽双绞线（shielded twisted pair，STP），比非屏蔽双绞线多了全屏蔽层和/或线对屏蔽层，如下右图所示。屏蔽双绞线有一种铝箔屏蔽双绞线（foiled twisted pair，FTP），是指在内部双绞线与外层绝缘层之间有一层金属铝箔屏蔽层，也叫做单屏蔽双绞线。还有一种双层屏蔽双绞线，指除了金属铝箔屏蔽层外，还加入了金属屏蔽网。

屏蔽层可减少辐射，防止信息被窃听，也可阻止外部电磁干扰的进入，使屏蔽双绞线比同类的非屏蔽双绞线具有更高的传输速率和更低的误码率。但屏蔽双绞线的价格较贵，安装也比非屏蔽双绞线困难，通常用于电磁干扰严重或对传输质量和速度要求较高的场合。现在比较常见的就是铝箔屏蔽或者金属编织网屏蔽，或者双屏蔽，一般在室外使用。

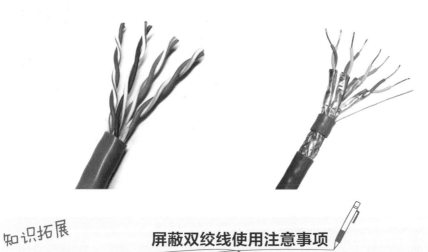

## 知识拓展　　屏蔽双绞线使用注意事项

屏蔽需在整个电缆均有屏蔽装置，并且两端正确接地的情况下才起作用。要求整个系统全部是屏蔽器件，包括电缆、插座、水晶头和配线架等，同时建筑物需要有良好的地线系统。但是在实际施工时，很难全部完美接地，从而使屏蔽层本身成为最大的干扰源，导致性能甚至远不如非屏蔽双绞线。所以，除非有特殊需要，通常在综合布线系统中只采用非屏蔽双绞线。

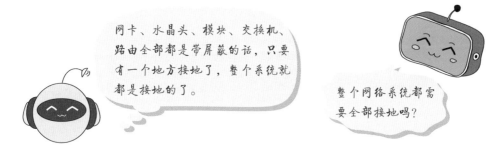

网卡、水晶头、模块、交换机、路由全部都是带屏蔽的话，只要有一个地方接地了，整个系统就都是接地的了。

整个网络系统都需要全部接地吗？

### （2）双绞线的分类

按照频率和信噪比，双绞线可以分成多种。最早的一类到五类双绞线已经被淘汰了，那么现在常见的双绞线特性及其应用领域如下所述。

① 超五类网线　超五类双绞线是现在使用范围最广的一类双绞线，超五类网线的裸铜芯直径在0.45～0.51mm，在外皮上会印有"CAT5e"的字样，传输频率为100MHz，带宽最大可达1000Mbps。与五类网线相比较，具有衰减小、串扰少的优点，并且具有更高的衰减与串扰的比值和信噪比、更小的时延误差，性能得到很大提高。超五类网线也分为屏蔽以及非屏蔽，常见的非屏蔽超五类网线如下左图所示，网线使用的水晶头如下右图所示。

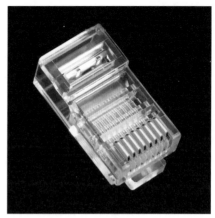

超五类网线在现在应用得比较广，在家庭或者中小企业等网络环境中比较常见，因为性价比较高，一般应用在不超过100m的短距离的终端连接上。超五类网线的带宽最高可以达到1000Mbps，在线材质量较好，距离不长的范围内可以达到该标准，但从稳定性上考虑，默认其带宽为100Mbps。如果组建千兆局域网，除了线材本身要达到标准，还要使用规范的水晶头，以及全千兆口的交换机，还有千兆的网卡。

一般所说的"水晶头"，专门指的就是网线的连接接头，俗称"水晶头"。专业术语为RJ-45连接器，属于网线的标准连接部件。此外如电话线使用的双芯水晶头，叫做RJ-11。

什么是水晶头？

知识拓展

## 网线中的抗拉线

平时使用的网线剪开后往往会看见一根绳子或者絮状物，其实这根绳子或者絮状物是网线内的抗拉线。作用是增强双绞线外皮的抗拉能力，保护里面的双绞线。一般国标的网线能承受的最大拉力是25lbs（11.34kg）。如果在施工时，网线承受的拉力过大的时候，抗拉线一断，网线基本就没用了。

② 六类网线　六类网线从外观上来说更加扎实，比超五类要粗很多。因为六类网线的线芯使用的是0.56～0.58mm直径的铜芯，且六类网线在内部增加了十字骨架，将四对线缆进行了分隔，主要解决串扰问题。十字骨架随着线缆长度而旋转角度。

六类网线的外皮，一般有"CAT.6"字样。传输频率为250MHz，最适用于传输速率高于1Gbps的应用，主要用于千兆位以太网（1000Mbps）。所以一般千兆网络布线，建议选用六类及六类以上的网线。六类非屏蔽网线如下左图所示。

由于六类网线比超五类网线的要粗很多，需要对应的水晶头进行安装，如下右图所示。

③ 超六类网线　超六类网线是六类线的改进版，同样是ANSI/EIA/TIA-568B.2和ISO 6类/E级标准中规定的一种非屏蔽双绞线电缆，在串扰、衰减和信噪比等方面有较大改善。传输频率是600MHz，最大传输速度可达到10000Mbps，也就是10Gbps，可以应用在万兆网络中，标识为"CAT6A"。超六类的网线和六类网线一样，也分为屏蔽与非屏蔽，主要应用于大型企业等需要高速应用的场所。超六类的网线将和六类网线一并成为未来布线的主要线材。六类网线也可以达到万兆带宽，但是经过实际测试，距离上最多50m左右。超六类网线的水晶头制作和六类网线基本一致，主要是因为超六类网线更粗，不能再使用超五类网线的水晶头了。

④ 七类网线　从七类网线开始，只有屏蔽双绞线，没有非屏蔽双绞线了。七类网线传输频率为1000MHz，传输速率为10Gbps，最远为100m，主要应用在数据中心、高速和带宽密集型应用中。屏蔽水晶头和非屏蔽的区别就是使用了金属材质，便于屏蔽层接地，而且带有固定屏蔽层的燕尾夹，也叫燕尾夹水晶头。

⑤ 八类网线　八类网线是最新的一种网线，频率可达2000MHz，传输速率为25Gbps及40Gbps两种，最大距离只有30m。现在应用并不广泛，主要还是在部分数据中心中使用。

建议七类及八类网线购买成品跳线或者购买免打水晶头，可以直接达到需要的标准。否则对于新手用户来说，浪费十几个水晶头是常有的事。

# 免打水晶头及穿孔式水晶头

免打水晶头也叫做免压水晶头，如下左图所示，不需要压线钳，只需要按照标签排好线序，插入模块，剪去多余网线，然后放入卡槽，盖上盖子就可以使用了。免打水晶头一般用在超六及以上的网线接口制作中，因为从六类线开始，线比较粗，穿线、定位、裁剪、压制都需要特殊的工具和经验，否则很大可能线路不通。总结起来就是对新手很不友好，有可能浪费材料。

除了免打水晶头外，还有穿孔式水晶头，如下右图所示。穿孔式水晶头主要用在超五类及六类线中，主要也是为了防止新手制作时会产生接触不良、排序排错、线芯插不到底的情况。但是需要配备专用的打线钳，用来在打线时切除多出来的网线。

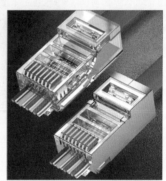

## （3）双绞线的线序

由于TIA和ISO两组织经常进行标准制定方面的协调，所以TIA和ISO颁布的标准的差别不是很大。在北美乃至全球，双绞线标准中应用最广的是ANSI/EIA/TIA-568A和ANSI/EIA/TIA-568B（实际上应为ANSI/EIA/TIA-568B.1，简称为T568B）。最常使用的就是T568B的标准，线序是：橙白-橙-绿白-蓝-蓝白-绿-棕白-棕。而T568A不太常用，一般与T568B对应，作为制作交叉线时使用，线序为：绿白-绿-橙白-蓝-蓝白-橙-棕白-棕。双绞线无论是几类线，线序都是如下图所示的这两种。

确实可以通信，但随意排列线序，如果产生问题，排查起来将是一项巨大的工程。所以制定一个规范，大家一起来遵守，在遇到故障排查时，也会方便很多。另外这种组合还能提高电气性能。

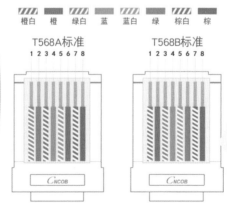

两端做成一样的线序不就能通信了吗？为什么要按这么复杂的标准啊？

## ▶ 2.2.3 光纤

光纤是另一种最常见的传输介质，用于光纤通信，在早期主要用于互联网主干线路中。随着网络的发展以及运营商设备的升级换代，光纤也经过了光纤到路边、光纤到大楼、光纤到户，甚至光纤到桌面的过程。由于不需要使用电能，成本越来越低，光纤的普及率越来越高。

### （1）什么是光纤

光纤也叫做光导纤维，是一种由透明石英玻璃拉丝制成的纤维，可作为光传导的介质。传输的原理是"光的全反射"，当光线射到纤芯和包层界面的角度大于产生全反射的临界角时，光线透不过界面，全部反射，从而实现光线的最大距离的传输。光纤传输的是光脉冲信号，在发送端通过发光二极管或半导体激光器作为光源，在接收端使用发光二极管作为光检测器，将光脉冲信号还原为电脉冲信号。如下图所示，普通的光纤，其组成有：

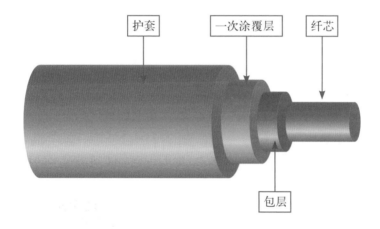

- **内层（纤芯）：** 为折射率较高的玻璃材质，直径在 $5\sim75\mu m$。
- **包层：** 为折射率较低的玻璃材质，直径为 $0.1\sim0.2mm$。就是实现光线全反射的主要结构层。
- **一次涂覆层：** 主要用来保护裸纤，而在其表面上涂抹的一种材质，厚度一般为 $30\sim150\mu m$。主要用来保护光纤表面不受潮湿气体和外力擦伤，提高光纤抗微弯性能，降低光纤的微弯附加损耗。
- **护套：** 用于保护光纤。

内层、包层和一次涂覆层构成了裸纤。在一次涂覆层上，可再加入缓冲层及二次被覆，二次被覆可提高光纤抗纵向和径向应力的能力，方便光纤加工。二次被覆一般分为松套被覆和紧套被覆两大类。

知识拓展

**光纤衍生品**

紧套被覆所制作的紧包光纤，外径标称通常为0.6mm和0.9mm两种，是制造各种室内光缆的基本元件，也可单独使用，二次被覆各种材料的紧套光纤可直接制作尾纤，以及各种跳线，用于各类光有源或无源器件的连接、仪表和终端设备的连接等，如右图所示。

光缆，是一定数量的光纤按照一定防护标准组成缆芯，外包有护套，有的还包覆外护层，是用以实现光信号远距离传输的一种通信线路，其内部结构如下图所示。

在光缆的基础上再次进行了加固措施所生产的光缆就叫做铠装光缆。铠装光缆在电信光纤长途线路、一二级干线传输中有着重要的应用。而常见的较短的铠装光缆就是铠装跳线，内部可以有一根或者许多根光纤。

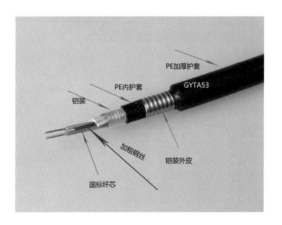

### （2）光纤优势

光纤的主要优势有：

① 容量大　光纤工作频率比电缆的工作频率高出8~9个数量级，多模光纤的频带为几百兆赫，好的单模光纤可达10GHz以上。

② 损耗低 在同轴电缆组成的系统中，最好的电缆在传输800MHz信号时，每千米的损耗都在40dB以上。相比之下，光纤的功率损耗要小一个数量级以上，使其能传输的距离要远得多。而且其损耗几乎不随温度而变，不用担心因环境温度变化而造成干线电平的波动。

③ 重量轻 因为光纤非常细，单模光纤芯线直径一般为4～10μm，外径也只有125μm，加上防水层、加强筋、护套等，用4～48根光纤组成的光缆直径还不到13mm，比标准同轴电缆的直径47mm要小得多，直径小、重量轻，安装十分方便。

④ 抗干扰能力强 因为光纤的基本成分是石英，只传光，不导电，不受强电、电气信号、雷电、电磁场等的干扰。

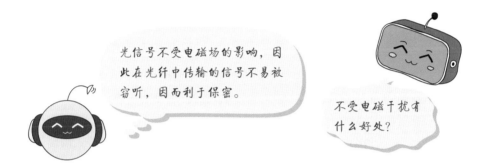

⑤ 节能环保 一般通信电缆要消耗大量的铜、铅或铝等有色金属，而光纤本身是非金属，光纤通信的发展将节约大量有色金属资源。

⑥ 工作性能可靠 因为光纤系统包含的设备数量少，可靠性自然也就高，加上光纤设备的寿命都很长，无故障工作时间达50万～75万小时。

⑦ 成本不断下降 光通信技术的发展，为Internet宽带技术的发展奠定了非常好的基础。由于制作光纤的材料（石英）来源十分丰富，随着技术的进步，成本还会进一步降低。

### （3）光纤的接口及应用

光纤接口分为以下几种：

① SC型接口 就是通常说的大方头接口，如下左图所示，外壳呈矩形。该接口采用了插拔销闩式的紧固方式，不需要旋转，插拔操作很方便，而且介入损耗波动较小，具有抗压强、安装密度高等优点。这种接口在光纤收发器中较为常见。

② LC型接口 就是通常说的小方头接口，如下右图所示，采用模块化插孔

（RJ）闩锁的紧固方式，即插即用，是现下最为流行的一种光纤跳线，它能有效地减少空间的使用，适合高密度连接。这种接口一般在光模块中较为常见。

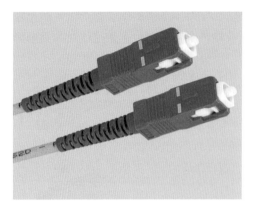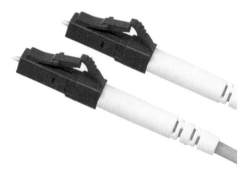

③ FC型接口　圆旋头接头即FC型接头，如下左图所示，FC接头采用了螺丝扣的紧固方式，外部加强方式是采用金属套，插入设备后较为牢固，连接器不容易脱落，一般在光纤配线架使用。

④ ST型接口　卡接式圆形接头即ST型接头，如下右图所示。卡接式圆形接头外壳呈圆形，紧固方式为螺丝扣。

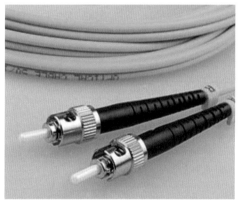

知识拓展　　　**尾纤及耦合器**

光纤尾纤指只有一端有连接头，而另一端是光缆纤芯的断头，如下左图所示，通过熔接与其他光缆纤芯相连。光纤尾纤分类与跳线一样，一根跳线切开成两个尾纤。耦合器指光纤与光纤之间进行可拆卸连接的器件，可以狭义地理解为转接头，如下右图所示，如FC-FC、LC-LC、LC-ST、ST-ST等，用于将相同接口或者不同接口的光纤跳线或尾纤连接起来。

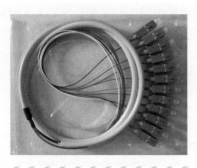

### （4）单模与多模光纤

按照传输模式进行分类的话，光纤可以分为单模光纤与多模光纤。

单模光纤是指在工作波长中，单根光纤只能传输一个传播模式的光纤，通常简称为单模光纤，单模光纤纤芯小于10μm，色散小，一般用于远距离传输。单模光纤通常使用波长为1310nm或者1550nm的光。传播模式如下左图所示。单模光纤的外护套一般为黄色，连接头一般为蓝色或绿色。

单根可以同时传输多个模式的光纤，称为多模光纤。多模光纤纤芯直径为50/62μm，光在其中按照波浪形传播，传播模式可达几百个，如下右图所示。多模光纤使用的光波长为850nm或1310nm。多模光纤的外护套一般为橙色，万兆级的为水蓝色，连接头多为灰白色。

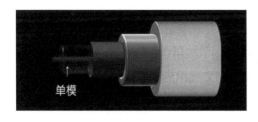

单模光纤用于高速、长距离的数据传输，损耗极小，而且非常高效，但需要激光源，成本较高。单模光纤速率在100Mb/s或1Gb/s，传输距离可达5km以上。

多模光纤相比较来说，适合短距离、速度要求相对低些的情况，成本较低。多模光纤聚光性好，但耗散较大。在10Mb/s及100Mb/s的以太网中，多模光纤最长可支持2km的传输距离，而在1Gb/s千兆网中，多模光纤最高可支持550m的传输距离。

家庭宽带入户光纤一般为单模光纤，只有一根，连接到光纤猫上。它采用了1310nm的波长进行上行传输，也就是发送信号，而使用1490nm的波长进行下行传输，也就是接收信号。

家庭入户光纤是单模还是多模啊？

## ▶ 2.3 数据通信基础

数据通信是计算机网络通信的基础，在了解数据的传输技术前，需要先了解数据通信的一些基本概念。

### ▶ 2.3.1 信息、数据与信号

计算机网络组建的目的之一就是数据的传输，这里涉及信息、数据及信号的相关知识。

① 信息　信息是对客观事物的反映，可以是对物质的形态、大小、结构、性能等的描述，也可以是物质与外部世界的联系的描述，泛指人类社会传播的一切内容。

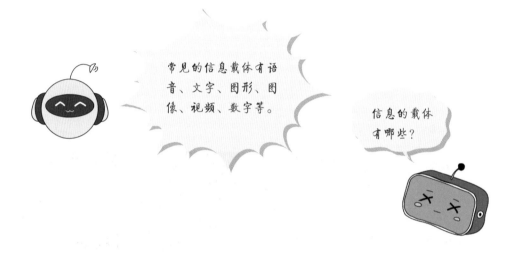

② 数据　数据指对客观事物的一种符号表示。在计算机科学中，数据指所有能在计算机中进行存储，并能被计算机程序处理的内容的总称。数据是运送信息的实体。

③ 信号　信号指数据在各种传输介质中传输的物理表示形式，如电信号、光信号、电磁信号等。只有将数据转换成信号，才能在传输介质中传输。按照数据在介质上传输时，信号表示形式的不同，将信号分为模拟信号和数字信号两类。

- **模拟信号**：在时间或幅度上连续的信号，常见的模拟信号为光、声、温度等各种传感器的输出信号。模拟信号经模拟线路传输，在模拟线路中，模拟信号通过电流和电压的连续变化表示，如下左图所示。
- **数字信号**：数字信号用于离散取值的传输，连续取值经量化后转换为离散取值，以数字信号的形式经数字线路进行传输。数字信号在通信线路中一般以电信号（高电平/低电平）表示其数据的"0"和"1"，如下右图所示。

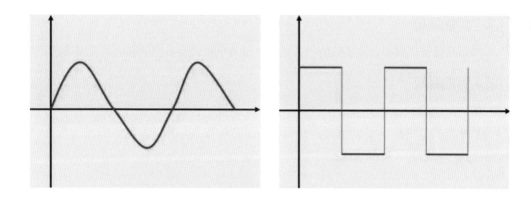

## ▶ 2.3.2 数据通信系统模型

下图为典型的数据通信系统模型，两台计算机通过电话线路连接，再经过公用电话网进行通信。其中如下图所示共分为三大部分：源系统、传输系统以及目的系统。

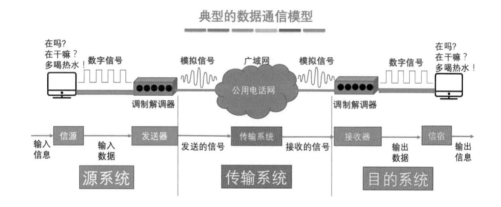

典型的数据通信模型

### （1）源系统

发送信号的一段，一般包含信源和发送器。信源一般为计算机或服务器等产生要传输数据的终端设备。发送器对要传输的数据进行转换及编码，将数字信号转换为模拟信号。

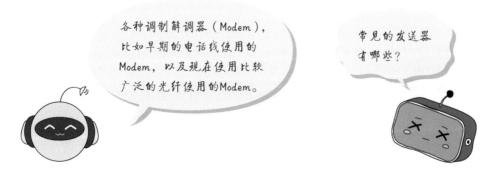

### （2）传输系统

传输系统包括用于网络通信的信号通道，以及负责转发数据的路由器及交换机。

### （3）目的系统

接收发送端信号的另一端，包括接收器及信宿。接收器将接收到的模拟信号转换为数字信号，交给信宿。信宿指接收信源信息的设备，如计算机、服务器等终端设备。

## ▶2.3.3 数据通信技术指标

数据通信技术指标主要用来反映数据的传输速度、出错率、可靠性等性能的高低。常见的数据通信技术指标如下所述。

### （1）码元、波特率与比特率

码元是时间轴上的一个信号编码单位，在数字通信中常用时间间隔相同的符号来表示一个二进制数字，这样的时间间隔内的信号称为（二进制）码元，而这个间隔被称为码元长度。对于数字通信来说，一个数字脉冲就是一个码元。对于模拟通信来说，载波的某个参数或者几个参数的变化就是一个码元。无论在数字通信还是在模拟通信中，一个码元所携带的信息量是由码元所取的有效离散值的个数（状态值）所决定的。

波特率也称为码元率，指单位时间所传输的码元数量，单位为波特（Band）。

比特率是指单位时间内传送的比特（bit）数，单位为比特每秒（bit per second，bps）。

**知识拓展**　　　　**比特率的应用**

比特率经常在通信领域用作连接速度、传输速度、信道容量、最大吞吐量和数字带宽容量的同义词。比特率越高，传送的数据越多。

### （2）信道带宽

一个信道中最大频率与最小频率的差，就叫做信道带宽，这个值体现了信道覆盖的频率范围的大小。通常称信道带宽为信道的通频带，单位用Hz表示。

### （3）信道容量

信道容量代表着传输数据的能力，即信道的最大数据传输速率。模拟信道的最大数据传输速率是受模拟信道带宽制约的，对于该问题，奈奎斯特和香农展开研究，提出了奈奎斯特定理和香农定理。

## （4）误码率

误码率是二进制数据位在传输时出错的概率，是衡量数据通信系统在正常工作时传输可靠性的指标，是衡量通信线路质量的一个重要参数。在计算机网络中，一般要求误码率低于$10^{-6}$，而且可以通过差错控制机制检错和纠错降低误码率。

# ▶ 2.3.4 数据传输

在计算机以及计算机网络中，数据的传输方式分为很多种，下面介绍一些常见的数据传输方式。

## （1）并行与串行通信

在计算机内部各部件之间、计算机与各种外部设备之间及计算机与计算机之间都是以通信的方式传递交换数据信息的。通信有两种基本方式，即串行方式和并行方式，如下图所示。

在并行数据传输中有多个数据位，可以同时在两个设备之间传，如发送设备将8个数据位通过8条数据线传送给接收设备，还可附加一位数据校验位。接收设备可同时接收到这些数据，无须做任何变换就可直接使用。并行的数据传送线也叫总线，如并行传送8位数据就叫8位总线，并行传送16位数据就叫16位总线。

并行传输时，需要一根至少有8条数据线的电缆将两个通信设备连接起来。当进行近距离传输时，这种方法的优点是传输速度快、处理简单，但进行远距离数据传输时，这种方法的线路费用就难以容忍了。

并行传输有哪些缺点？

串行数据传输时，数据是一位一位地在通信线上传输的，与同时可传输好几位数据的并行传输相比，串行数据传输的速度要比并行传输慢得多，但因为传输距离远，对于网络来说具有更大的现实意义。

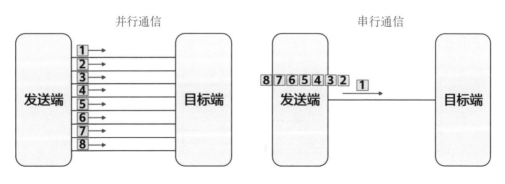

## （2）通信方向

在网络传输中，数据在线路上的传送方式可以分为单工通信、半双工通信和全双工通信三种。

① 单工通信　如下图所示，单工数据传输只支持数据在一个方向上传输，发送端A仅能把数据发送往接收端B，接收端B也只能接收发送端A的数据，比如传统的广播、电视等。

② 半双工通信　如下图所示，半双工数据传输允许数据在两个方向上传输，但是在某一时刻，只允许数据在一个方向上传输，它实际上是一种可以切换方向的单工通信。通信双方都具备发送和接收装置，比如对讲机通信就是半双工模式。

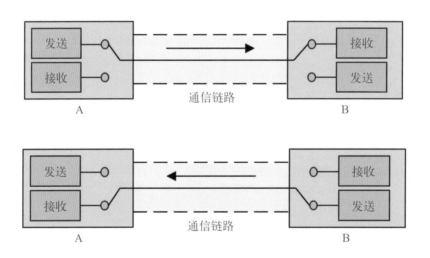

③ 全双工通信　如下图所示，全双工数据通信允许数据同时在两个方向上传输，因此，全双工通信是两个单工通信方式的结合，它要求发送设备和接收设备都有独立的接收和发送能力。

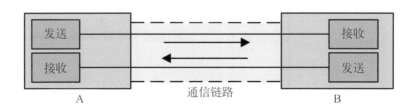

## （3）异步与同步传输

在网络通信过程中，通信双方需要高度协同才能交换数据。为了正确地解释信号，接收方必须确切地知道信号应当何时接收和处理，因此定时是至关重要的。

在计算机网络中，定时的因素称为位同步。同步是要接收方按照发送方发送的每个位的起止时刻和速率来接收数据，否则会产生误差。所以通常会采取异步或同步的传输方式对位进行同步。

什么是位同步？为什么要进行位同步？

① 异步传输　异步传输一般以字符为单位，起始位：先发出一个逻辑"0"信号，表示传输字符的开始。空闲位：处于逻辑"1"状态，表示当前线路上没有资料传送。每次异步传输的信息都以一个起始位开头，它通知接收方数据已经到达了，这就给了接收方响应、接收和缓存数据比特的时间。在传输结束时，一个停止位表示该次传输信息的终止。异步传输的实现比较容易，由于每个信息都加上了"同步"信息，因此计时的漂移不会产生大的积累，但却产生了较多的开销。因此，异步传输常用于低速设备。

② 同步传输　同步传输的比特分组要大得多。它不是独立地发送每个字符，而是把它们组合起来一起发送。一般将这些组合称为数据帧，或简称为帧。

数据帧的第一部分包含一组同步字符，它是一个独特的比特组合，类似于前面提到的起始位，用于通知接收方一个帧已经到达，但它同时还能确保接收方的采样速度和比特的到达速度保持一致，使收发双方进入同步。帧的最后一部分是一个帧结束标记。与同步字符一样，它也是一个独特的比特串，类似于前面提到的停止位，用于表示在下一帧开始之前没有别的即将到达的数据了。

同步传输通常要比异步传输快速得多。接收方不必对每个字符进行开始和停止的操作。一旦检测到帧同步字符，它就在接下来的数据到达时接收它们。另外，同步传输的开销也比较小。

例如，一个典型的帧可能有500字节（即4000比特）的数据，其中可能只包含100比特的开销。这时，增加的比特位使传输的比特总数增加2.5%，这与异步传输中25%的增值相比要小得多。

**！注意事项 比特位长度限制**

随着数据帧中实际数据比特位的增加，开销比特所占的百分比将相应地减少。但是，数据比特位越长，缓存数据所需要的缓冲区也越大，这就限制了一个帧的大小。另外，帧越大，它占据传输媒体的连续时间也越长。在极端的情况下，这将导致其他用户等得太久。

# ▶ 2.3.5 编码与调制

编码与调制是计算机中常见的数据转换技术，将信号编码或调制后，可以在数字信道或模拟信道中传输。

> 编码的核心是频谱的整形，
> 调制的核心是频带的搬移。

## （1）编码与调制简介

编码就是用数字信号承载数字或模拟数据。调制就是用模拟信号承载数字或模拟数据。计算机直接输出的数字信号往往并不适合在信道上传输，需要将其编码或调制成适合在信道上传输的信号，如下图所示。由信源发出的原始信号称为基带信号，如计算机输出的文字、图像、音视频文件的数字信号等。基带信号中往往包含很多低频的成分，甚至直流成分（多个连续的0或1造成的），而很多信道往往不能传输这种低频分量或直流分量，因此要对基带信号进行调制后才能在信道上传输。

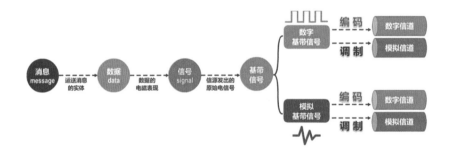

调制分为基带调制和带通调制。基带调制只对基带信号波形进行变换，并不改变其频率，变换后仍然是基带信号。带通调制（频带调制）使用载波将基带信号的频率迁移到较高频段进行传输，解决了很多传输介质不能传输低频信息的问题，并且使用带通调制信号可以传输得更远。

**！注意事项 数字信号优于模拟信号**

虽然数字化已成为当今的趋势，但并不是使用数字数据和数字信号就一定是"先进的"。数据究竟应当是数字的还是模拟的，是由所产生的数据的性质决定的，例如运送话音信息的声波就是模拟数据，但数据必须转换成信号才能在网络媒体上传输。

## （2）常见的编码方式

下面介绍常见的四种编码方式，编码方法如下图所示。

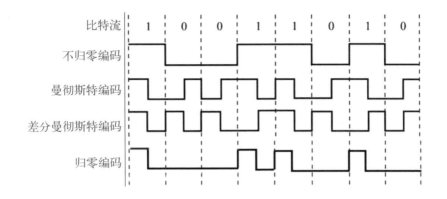

① 不归零编码　不归零编码是效率最高的编码方式。光接口1000Base-SX、1000Base-LX采用此码型。用0电位和1电位分别代表二进制的"0"和"1"，编码后速率不变，有很明显的直流成分，不适合电接口传输。

② 归零编码　归零编码即是以高电平和零电平分别表示二进制码1和0。归零码的主要优点是可以直接提取同步信号，因此归零码常常用作其他码型提取同步信号时的过渡码型，也就是说其他适合信道传输但不能直接提取同步信号的码型，可先变换为归零码，然后再提取同步信号。

③ 曼彻斯特编码　每一位的中间有一跳变，位中间的跳变既作时钟信号，又作数据信号。从高到低跳变表示"1"，从低到高跳变表示"0"。这给接收器提供了可以与之保持同步的定时信号，因此也叫做自同步编码。

④ 差分曼彻斯特编码　差分曼彻斯特码是曼彻斯特编码的一种修改格式。其不同之处在于：每位的中间跳变只用于同步时钟信号；而0或1的取值判断是用位的起始处有无跳变来表示（若有跳变则为0，若无跳变则为1）。这种编码的特点是每一位均用不同电平的两个半位来表示，因而始终能保持直流的平衡。

## （3）模拟信号转换为数字信号

计算机内部处理的是二进制数据，属于数字信号，所以需要将模拟信号通过采样、量化转换成有限个数字表示的离散序列（即实现数字化），如下图所示。最典型的例子就是对音频信号进行编码的脉码调制，在计算机应用中，能够达到最高保真水平的就是PCM编码，被广泛用于素材保存及音乐欣赏，CD、DVD以及常见的WAV文件中均有应用。它主要包括三步：抽样、量化、编码。

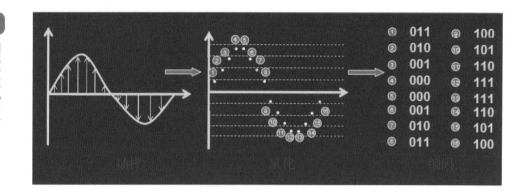

① 抽样　对模拟信号周期性扫描，把时间上连续的信号变成时间上离散的信号。为了使所得的离散信号能无失真地代表被抽样的模拟数据，要使用采样定理进行采样。

② 量化　把抽样取得的电平幅值按照一定的分级标度转化为对应的数字值，并取整数，这就把连续的电平幅值转换为离散的数字量。

③ 编码　把量化的结果转换为与之对应的二进制编码。

## （4）常见的调制方法

数字数据的调制技术在发送端将数字信号转换为模拟信号，而在接收端将模拟信号还原为数字信号，分别应用于调制解调器的调制和解调过程。如下图所示，最常见的二元调制方法有以下三种。

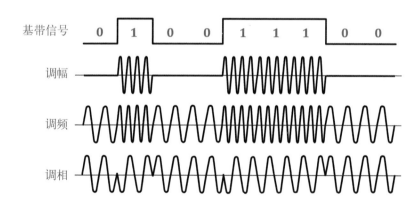

① 调幅（amplitude modulation，AM）　载波的振幅随基带数字信号而变化。有载波输出表示1，无载波输出表示0。

② 调频（frequency modulation，FM）　载波的频率随基带数字信号而变化。用两种不同的频率分别表示1或0。

③ 调相（phase modulation，PM）　载波的初始相位随基带数字信号而变化。0°相位表示0，180°相位表示1。

## ▶ 2.4　数据交换技术

　　数据经过编码后在通信线路上进行传输的最简单形式，就是在两个互连的设备之间直接进行数据通信。但网络中并不是所有的设备都两两相连的，而是会经过多个中间节点。中间节点并不关心所传数据的内容，而就是提供一种交换技术，将数据转发出去。常见的网络交换技术包括电路交换、报文交换以及分组交换，如下图所示。

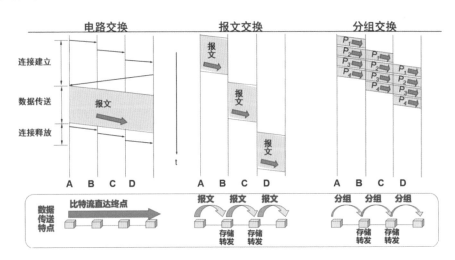

## ▶ 2.4.1　电路交换

　　电路交换就是在两个站点之间通过通信子网的节点建立一条专用的通信线路，这些节点通常就是一台采用机电与电子技术的交换设备（例如程控交换机）。在两个通信站点之间需要建立实际的物理连接，其典型实例就是两台电话之间通过公共电话网络的互连实现通话。

电路交换实现数据通信需经过下列三个步骤：首先就是建立连接，即建立端到端(站点到站点)的线路连接；其次就是数据传送，所传输数据可以是数字数据（如远程终端到计算机），也可以是模拟数据（如声音）；最后就是拆除连接，通常在数据传送完毕后由两个站点之一终止连接。

电路交换的通信过程需要哪些步骤？

　　电路交换的优点就是实时性好，但将电话采用的电路交换技术用于传送计算机或远程终端的数据时，会出现下列问题：

　　● 用于建立连接的呼叫时间远远多于数据传送时间。这是因为在建立连接的过程中，会涉及一系列硬件开关动作，时间延迟较长，如某段线路被其他站点占用或物理断路，将导致连接失败，并需重新呼叫。

- 通信带宽不能充分利用，效率低。这是因为两个站点之间一旦建立起连接，就独自占用实际连通的通信线路，而计算机通信时真正用来传送数据的时间一般不到10%，甚至可低到1%。
- 由于不同计算机与远程终端的传输速率不同，因此必须采取一些措施才能实现通信，如不直接连通终端与计算机，而设置数据缓存器等。

## ▶ 2.4.2　报文交换

报文交换就是通过通信子网上的节点采用存储转发的方式来传输数据，它不需要在两个站点之间建立一条专用的通信线路。报文交换中传输数据的逻辑单元称为报文，其长度一般不受限制，可随数据不同而改变。一般将接收报文站点的地址附加于报文一起发出，每个中间节点接收报文后暂存报文，然后根据其中的地址选择线路再把它传到下一个节点，直至到达目的站点。

报文交换的主要优点就是线路利用率较高，多个报文可以分时共享节点间的同一条通道。此外，该系统很容易把一个报文送到多个目的站点。报文交换的主要缺点就是报文传输延迟较长（特别是在发生传输错误后），而且随报文长度变化。因而不能满足实时或交互式通信的要求，不能用于声音连接，也不适用于远程终端与计算机之间的交互通信。

## ▶ 2.4.3　分组交换

分组交换的基本思想包括：数据分组、路由选择与存储转发。它类似于报文交换，但它限制每次所传输数据单位的长度，对于超过规定长度的数据必须分成若干等长的小单位，称为分组。从通信站点的角度来说，每次只能发送其中一个分组。

各站点将要传送的大块数据信号分成若干等长而较小的数据分组，然后顺序发送。通信子网中的各个节点按照一定的算法建立路由表，同时负责将收到的分组存储于缓存区中，再根据路由表确定各分组下一步应发向哪个节点，在线路空闲时再转发。以此类推，直到各分组传到目标站点。由于分组交换在各个通信路段上传送的分组不大，故只需很短的传输时间，传输延迟小，非常适合远程终端与计算机之间的交互通信，也有利于多对时分复用通信线路。由于采取了错误检测措施，故可保证非常高的可靠性。而在线路误码率一定的情况下，小的分组还可减少重新传输出错分组的开销。与电路交换相比，分组交换带给用户的优点则是费用低。

分组交换的灵活性高，可以根据需要实现面向连接或无连接的通信，并能充分利用通信线路，因此现有的公共数据交换网都采用分组交换技术。

其实局域网也采用分组
交换技术，但在局域网中，从源站
到目的站只有一条单一的通信线
路，因此不需要公用数据网中的路
由选择与交换功能。

局域网使用分组
交换技术吗？

## ▶ 2.5　信道复用技术

信道复用技术是物理层常见的技术之一，信道复用技术可以大大增加信道的数据承载能力，在传输数据时可以更有效率。

### ▶ 2.5.1　信道复用技术简介

所谓的信道复用技术，简单地说就是在两地之间本来有多条传送带来传输货物，如果传送带每次只传送一件货物，就非常浪费传送带资源，效率及性价比都非常低，如下图所示。那么在保证货物不会丢失或者损坏的情况下，让多件货同时从一条传送带通过，无论是摆在一起、套在一起、并排在一起都允许，这样就充分利用了传送带的带宽。其他传送带也可以同时运输多个货物，在到达目的地时，再将货物拆分并发送给对应的目标，这就是信道复用技术。

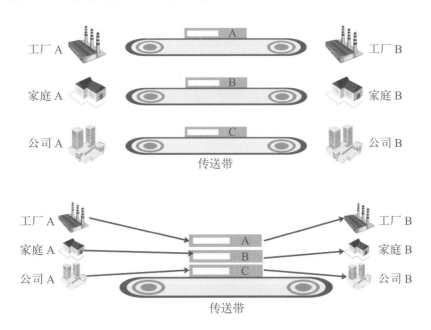

信道复用技术可以分为频分复用、时分复用、波分复用、码分复用、空分复用、统计复用、极化波复用等。下面介绍几个比较常用的信道复用技术。

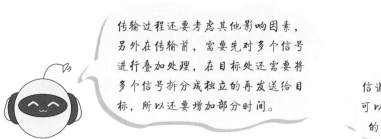

传输过程还要考虑其他影响因素，另外在传输前，需要先对多个信号进行叠加处理，在目标处还需要将多个信号拆分成独立的再发送给目标，所以还要增加部分时间。

信道复用技术可以节约到1/N的时间啊。

## ▶ 2.5.2　频分复用技术

频分复用（frequency division multiplexing，FDM），就是将用于传输信道的总带宽划分成若干个子频带（或称子信道），如下图所示，每一个子信道固定并始终传输一路信号。频分复用要求总频率宽度大于各个子信道频率之和，同时为了保证各子信道中所传输的信号互不干扰，应在各子信道之间设立隔离带，这样就保证了各路信号互不干扰。频分复用技术的特点是所有子信道传输的信号以并行的方式工作，每一路信号传输时可不考虑传输时延，因而频分复用技术取得了非常广泛的应用。

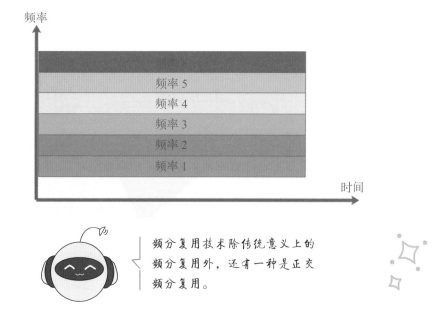

频分复用技术除传统意义上的频分复用外，还有一种是正交频分复用。

早期的电话线上网的时代，使用的就是这种原理。频分复用的所有用户在同样的时间占用不同的带宽资源（注意，这里的"带宽"是频率带宽而不是数据的发送速率），牺牲单信道的带宽，获得多路传输，如下图所示。

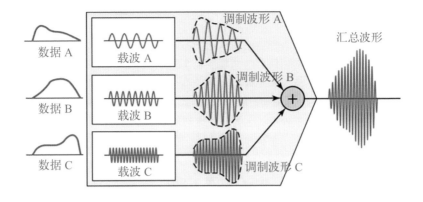

### ▶ 2.5.3 波分复用技术

在光纤传输中，会使用波分复用技术，其实就是光的频分复用技术。因为波速=波长×频率，所以在波速一定的情况下，波长和频率是互相关联制约的。光猫的复用技术，就是使用单模光纤，在上传和下载时使用不同的波长，从而在一条线路中传输多种不同波长和频率的光，也就是不同的信号，如下图所示。

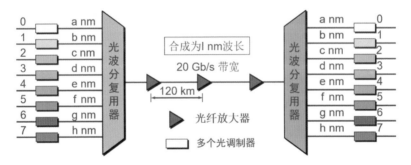

### ▶ 2.5.4 时分复用技术

时分复用技术是将时间划分为多段等长的时分复用帧（TDM帧）。每一个时分复用的用户在每一个TDM帧中占用固定序号的时隙。每一个用户所占用的时隙周期性地出现（其周期就是TDM帧的长度）。TDM信号也称为等时信号。时分复用的所有用户是在不同的时间占用同样的频带宽度，如下图所示。

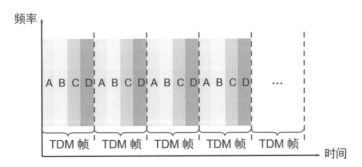

简单地说，就是大家一起排队，每个人说句话，组合起来，就作为一个包，发出这个包。然后大家再来一遍，再发送这个包，以此类推。所以每个人在说话时，就占有全部的带宽，但是不能一直占用，占用一个单位时间后，下一个人继续占用，直到最后一个人，这样循环往复。

但这样有个问题，就是A、B、C、D并不是任何时间都有话说，如果没有的话，就会占用一个空的位置，也就间接造成了带宽的浪费，如下图所示。

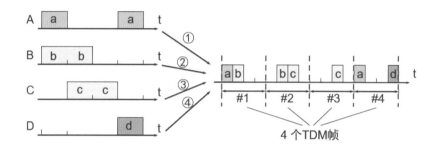

于是人们又研究出统计时分复用技术。核心思想就是发送前给数据贴上标签，到达规定的TDM帧间隔就发送数据，没有数据的就不发送。到达对方后，根据标签组合数据，而不是按照帧中的位置机械式地组合了。这样浪费了一些时间，但提高了带宽利用率，提高了性价比，如下图所示。

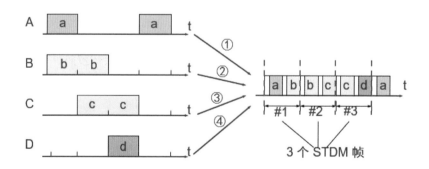

## ▶ 2.5.5 码分复用

码分多路复用又称码分多址（code division multiple access，CDMA）与频分多路复用和时分多路复用不同，它既共享信道的频率，也共享时间，是一种真正的动态复用技术。其原理是每比特时间被分成$m$个更短的时间槽，称为码片，通常情况下每比特有64或128个码片。每个站点(通道)被指定一个唯一的*m*位的代码或码片序列。当发送1时站点就发送码片序列，发送0时就发送码片序列的反码。当两个或多个站点同时发送时，各路数据在信道中被线性相加。为了从信道中分离出各路信号，要求各个站点的码片序列相互正交。

知识拓展

## 码分复用共享信道

码分多路复用也是一种共享信道的方法，每个用户可在同一时间使用同样的频带进行通信，但使用的是基于码型的分割信道的方法，即每个用户分配一个地址码，各个码型互不重叠，通信各方之间不会相互干扰，且抗干扰能力强。

码分多路复用主要用于无线通信系统，特别是移动通信系统。它不仅可以提高通信的话音质量和数据传输的可靠性以及减少干扰对通信的影响，而且增大了通信系统的容量。笔记本计算机以及掌上计算机等移动性计算机的联网通信就是使用了这种技术。

码分多路复用有什么实际应用？

## ▶ 2.6 常见宽带接入技术

用户接入互联网时需要向IPS服务商提交申请，交纳费用后，就会有专业人员布置线路、连接设备、注册光猫，通过拨号验证后就可以接入到因特网中。常见的宽带接入技术主要有以下三种。

### ▶ 2.6.1 xDSL技术

所谓xDSL技术就是用数字技术对现有的模拟电话用户线进行改造，使它能够承载宽带业务。xDSL技术把0～4kHz低端频谱留给传统电话使用，而把原来没有被利用的高端频谱留给用户上网使用。DSL就是数字用户线（digital subscriber line）的缩写，而DSL的前缀x则表示在数字用户线上实现的不同宽带方案。

由于电话线路的带宽问题以及移动电话的发展，电话线接入逐渐被淘汰，不过不影响我们学习其原理。

### （1）xDSL技术的种类

xDSL技术包括以下几类：

- ADSL（asymmetric digital subscriber line）：非对称数字用户线。
- HDSL（high speed DSL）：高速数字用户线。
- SDSL（single-line DSL）：1对线的数字用户线。
- VDSL（very high speed DSL）：甚高速数字用户线。
- DSL：ISDN用户线。
- RADSL（rate-adaptive DSL）：速率自适应DSL，是ADSL的一个子集，可自动调节线路速率。

### （2）ADSL技术

ADSL是一种异步传输模式。在电信服务提供商端，需要将每条开通ADSL业务的电话线路连接在数字用户线路访问多路复用器上。而在用户端，用户需要使用一个ADSL终端，也就是Modem来连接电话线路。由于ADSL使用高频信号，所以在两端还需要使用ADSL信号分离器将ADSL数据信号和普通音频电话信号分离出来，避免打电话的时候出现噪声干扰。

ADSL线路的上行和下行带宽是不对称的。我国目前采用的方案是离散多音调DMT（discrete multi-tone）调制技术。这里的"多音调"就是"多载波"或"多子信道"的意思。

### （3）DMT技术

DMT调制技术采用频分复用的方法，把40kHz以上一直到1.1MHz的高端频谱划分为许多个子信道，其中25个子信道用于上行信道，而249个子信道用于下行信道，如下图所示。每个子信道占据4kHz带宽，并使用不同的载波进行数字调制。这种做法相当于在一对用户线上使用许多小的调制解调器并行地传送数据。

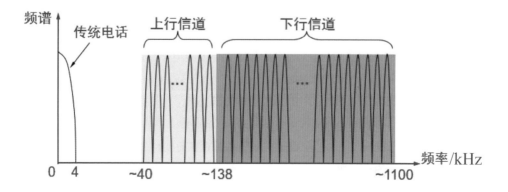

## ▶2.6.2 以太网接入技术

以太网接入技术也叫做小区宽带，网络服务商会采用光纤接入到小区或到楼，然后使用双绞线接入到用户家中，直接连接用户的路由器而不需要调制解调器。采用以太网作为互联网接入手段的主要原因是兼容性好、性能比高、可扩展性强、容易安装开通以及可靠性高等。以太网接入方式与IP网很适配，技术已有重要突破，容量分为10/100/1000Mb/s三级，可按需升级。

以太网接入技术除了带宽有了大幅度增加外，还有两个重要变化，一是采用星型布线，二是交换机的使用。采用类似电话网的星型布线后，共享媒质的集线器将由交换机代替。此时业务量将不再自动广播给所有计算机，而可以由交换机经由连至特定计算机的双绞线将业务量送给该计算机，在一定程度上实现了计算机间的信息隔离。更重要的影响是使以太网转向全双工传输，消除了链路带宽的竞争。

就像局域网中使用交换机和路由器共享上网一样，这种接入方式共享网络出口，在用户较多时会影响用户的网速。另外出于传输距离、运营成本、升级、管理、设备安全等方面考虑，消耗电能的以太网接入技术已经逐渐被无大量能源消耗的光纤技术所取代。

为什么现在很少看到以太网接入，而都是使用光纤？

## ▶2.6.3 光纤接入技术

光纤传输由于具有传输距离远、通信容量大、信号质量好、性能稳定、防电磁干扰、保密性强、成本逐渐降低等优点被快速普及。光纤接入技术是现在最为流行的宽带接入技术。特别是无源光网络（passive optical network，PON）几乎是综合宽带接入技术中最经济有效的一种方式。光纤接入技术主要分为以下几种：

- **光纤到家FTTH（fiber to the home）**：光纤一直铺设到用户家庭可能是居民接入网最后的解决方法，也是普通用户接触最多的。
- **光纤到大楼FTTB（fiber to the building）**：光纤进入大楼后就转换为电信号，然后用电缆或双绞线分配到各用户。
- **光纤到路边FTTC（fiber to the curb）**：从路边到各用户可使用星型结构双绞线作为传输媒体。

光纤上网的逻辑拓扑图如下。

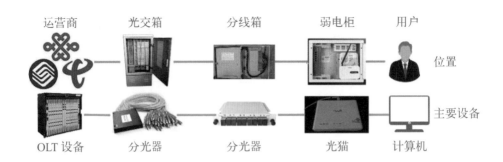

从拓扑图上可以看到，从运营商的OLT设备（如下左图所示）出来后，会进入光纤的第一级分级设备，也就是最常在路边看到的运营商使用的光纤跳线的大箱子——光交箱（如下右图所示）。

光交箱会使用1∶16、1∶32甚至更高比例的分光器，如下左图所示，将光纤分为多路或者将多路信号汇总。而下级的分纤箱，一般使用1∶8的分光器，如下右图所示。

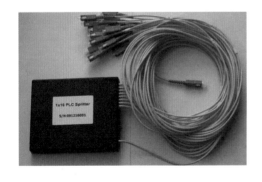

最后通过家庭使用的光猫将光信号转换成电信号，通过双绞线连到计算机上。这样，数据就可以在运营商处和用户处进行传播了。这种方式也叫做PON。PON采用的是WDM也就是波分复用技术，实现单光纤双向传输，上行波长为1310nm，下行波长为1490nm。

## 专题拓展

# 家庭光纤上网原理及光猫状态检查

有经验的读者可能要问了："为什么光猫用一根单模光纤可以同时收发数据，而光纤收发器却要用两根？"

家庭宽带入户光纤一般只有一根，连接到光猫上，如下左图所示。这时，采用了1310nm的波长进行上行传输，也就是发送信号，而使用1490nm的波长进行下行传输，也就是接收信号。对端就反过来，使用的是波分复用技术。这是因为单模光纤的特性，它会产生一定的光衰和信号的不稳定。但是在短距离传输中，这是完全可以接受且可以进行控制的，也不会影响传输的带宽。

而中小企业经常见到的光纤连接在收发器上却有两条光纤，一条发送，一条接收，如下右图所示。这种方案，最大程度上保证了带宽、数据的准确性以及传输距离。

另外，单模光纤的复用技术已经可以进行数据的收发了，在距离及要求满足的情况下，出于成本考虑，很多正在使用的收发器也是单模单纤的。

家庭光猫上网使用了PON技术，是一种区别于以太网的技术。如下图所示，局端的OLT设备、中间的分光器、用户端的ONU，也就是光猫。多个用户之间，也就是多个光猫之间，发送数据时采用了时分复用技术，轮流发送。

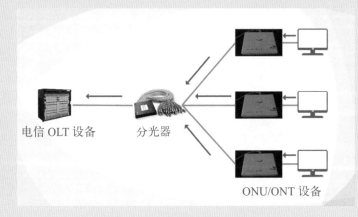

电信 OLT 设备　　　分光器

ONU/ONT 设备

而从OLT过来的数据，通过分光器，会采用广播的形式发送，如下图所示，光猫判断如果是自己的数据，则接收并处理，如果是其他设备的数据，则丢弃。

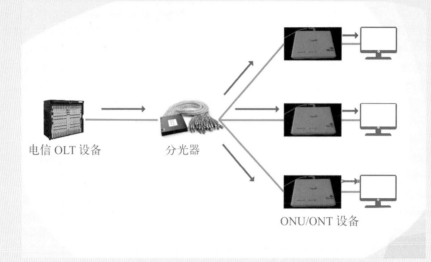

电信 OLT 设备　　　　分光器　　　　　　　　ONU/ONT 设备

如果家庭发生了网络故障，一般从光猫开始排查，主要检查光猫是否有电，状态是否正常，如果不正常，关闭并等待一段时间再开机查看。如果仍不正常，则需要致电对应的运营商报修。

如下图所示，光猫一般都有几种灯，正常情况下，Power灯、PON灯绿色长亮。PON灯如果闪烁，说明正在注册，注册好后会长亮，如果一直是闪烁状态，则说明参数错误或无法与对端设备通信。LOS灯正常是熄灭状态，如果是红色，则说明光路中断，需要检查光纤线路。其他指示灯，还包括连接其他设备的指示灯LAN，以及上网指示灯等，正常是绿色的。

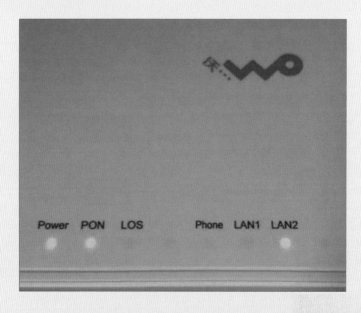

# 第**3**章

# 网络的信使通道——数据链路层

**本章重点难点**

数据链路层的功能与结构　MAC 地址

共享式以太网与交换式以太网　PPP 协议

常见设备及工作原理　虚拟局域网技术

数据链路层是OSI七层模型和TPC/IP五层原理参考模型的第二层，与物理层关联紧密。数据链路层在相邻两个地点之间构建信使通道，快速传递信件，主要研究的是相邻节点之间的数据传输。数据链路层涉及多种网络设备，以及常说的MAC地址。本章将着重介绍数据链路层的相关知识。

# 首先，在学习本章内容前，
# 先来几个问题热热身。

**热身问题**

对于数据链路层，除了了解常见协议外，还要重点学习设备的工作原理。

**初级：** 局域网中按照MAC地址进行高速转发的设备是什么？

**中级：** 什么是广播风暴？

**高级：** 虚拟机局域网VLAN可以按照哪些参数进行划分？

**参考答案**

**初级：** 交换机。

**中级：** 广播风暴指网络中充斥了大量广播数据，占用了大量网络带宽，造成网络瘫痪就叫做广播风暴。

**高级：** 可以基于端口、基于MAC地址以及基于IP地址进行划分。

本章就将向读者解释以上这些知识。下面来进行我们的讲解吧。

# ▶ 3.1 认识数据链路层

数据在数据链路层是以点到点的方式进行传输的。数据链路层定义了在单条链路上如何稳定快速地传输数据。下面介绍数据链路层的相关知识。

数据链路层的主要作用就是确保数据可以准确快速地到达目的地。

## ▶ 3.1.1 数据链路层的功能

数据链路层向上为网络层提供支持并对网络层负责，将无差错的数据帧传送给网络层，以便进行下一步的转发或者继续向上层提供数据支持。下图中可以看到其中的设备都在进行着数据传输交换，而网络设备最高只到网络层。在不同的网络设备间，都可以通过协议，在对应层中读懂对方传输的内容，数据链路层也如此。

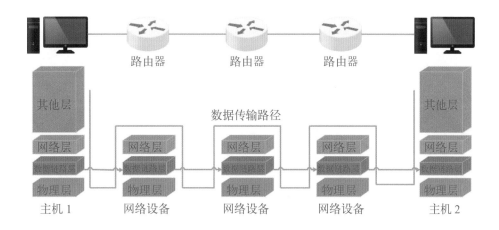

在发送数据时，数据链路层的主要作用有：这条链路的建立、维护、拆除；帧的包装、传输、同步、差错控制及流量控制。

### 知识拓展　　链路与数据链路

链路指的是一条无源的点到点的物理线路段，中间没有其他的交换节点。原始的链路是指没有采用高层差错控制的基本的物理传输介质与设备。而数据链路，指除了物理线路外，还必须有通信协议来控制这些数据的传输。若把实现这些协议的硬件和软件加到链路上，就构成了数据链路。

## （1）数据链路层专注的问题

数据链路层主要关注的问题有：

- 物理地址及网络拓扑。
- 将网络层过来的数据封装成帧，并按照顺序进行发送。
- 生成帧，并准确识别帧的范围和边界。
- 使用错误重传的方法，来进行差错控制。
- 确保相邻节点间，数据传输的稳定性、速率的匹配等。

## （2）数据链路层解决的问题

数据链路层主要解决3个问题，也就是数据链路层最主要的使命：

① 封帧　数据链路层的任务首先就是将网络层的数据报文封装成帧结构。封装也非常简单，就是在数据报前后分别添加首部和尾部，从而完成封帧，并且确定帧的范围，也就是帧定界，如下图所示。这样接收端在收到帧后，就会知道帧的范围，完成帧的正确提取。

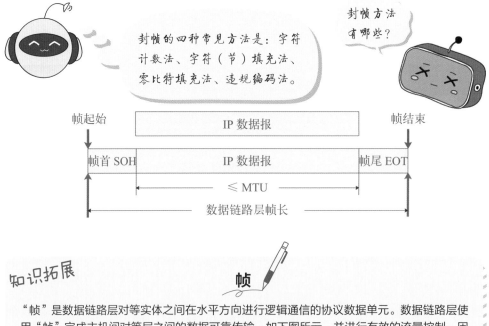

知识拓展

**帧**

"帧"是数据链路层对等实体之间在水平方向进行逻辑通信的协议数据单元。数据链路层使用"帧"完成主机间对等层之间的数据可靠传输，如下图所示，并进行有效的流量控制。因为物理层总会有这样或者那样的问题，而数据链路层可对数据进行可靠的传输，在网络层看来，就是一条无差错的链路。

② 透明传输　透明传输指不管传输的数据是什么样的组合，都可以在链路上传送，就像不存在一样。而要达到这个目标，就需要在处理链路数据时，解决各种错误以及一些不算错误的误判断。如在数据中，正好存在与控制信息相同地数据段，那么帧就会被错误地对待，如下图所示。只有处理了这些问题，才能做到透明传输。

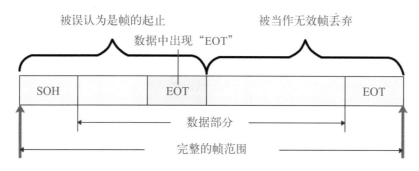

常见的帧的错误处理方法如下图所示。

字符计数法：发送时，扫描到5个1，立即加入0。接收端扫描到5个1，删除后面的0。

字符填充法：发送时，扫描数据，如发现"SOH"或"EOT"则直接在其前方插入一个转义字符"ESC"，接收端在接收后，扫描到"ESC"，则删除该字符，再向网络层递交。那如果数据中有"ESC"该怎么办呢？很简单，再加一次转义字符"ESC"。

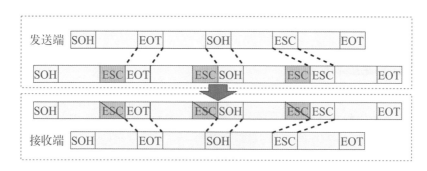

对于其他方法，有兴趣的读者可以查看相关资料进行了解。

差错的产生有几种，包括传输中的比特差错，就是1和0的错误，在一段时间内，如果网络信噪比较大，就会产生这种问题，所以必须采用差错检测措施。

差错产生的主要原因有哪些？

③ 差错检测　在数据链路层中传输的是数据帧，所以检测帧就是差错检测的主要目标，包括广泛使用的循环冗余检验CRC检错技术。在数据后面添加上的冗余码称为帧检验序列FCS（frame check sequence）。循环冗余检验CRC和帧检验序列FCS并不等同。CRC是一种常用的检错方法，而FCS是添加在数据后面的冗余码。FCS可以用CRC这种方法得出，但CRC并非用来获得FCS的唯一方法。

CRC技术可以做到无差别接收，就是基本上认为这些帧在传输中没有产生差错（有差错的会被丢弃而不接收）。但要做到可靠传输，还需加上确认和重传机制。

知识拓展　MTU

MTU（maximum transmission unit），最大传输单元，用来通知对方所能接收数据服务单元的最大尺寸，说明发送方能够接收的有效载荷大小，是包或帧的最大长度，一般以字节计。如果MTU过大，在碰到路由器时会被拒绝转发，因为它不能处理过大的包。如果太小，因为协议一定要在包(或帧)上加上包头，那实际传送的数据量就会过小，这样会造成带宽的浪费。大部分操作系统会提供给用户一个默认值，该值一般对用户是比较合适的。

如设置MTU为1700，如果发送了一个2000的包，那么会拆分成1700+300的两个包，再加上头信息进行传输。其实默认的以太网帧是1518，是由14字节的头信息、1500的包，以及4字节的FCS效验组成。如果特别大也会降低网络性能，如果超出允许范围还会被拒绝转发。

## ▶ 3.1.2 数据链路层的结构

为了使数据链路层更好地适应多种局域网标准，802委员会将局域网的数据链路层拆分成两个子层。

### （1）逻辑链路控制子层

如右图所示，逻辑链路控制（logical link control，LLC）子层与传输媒体无关，不管采用何种协议的局域网对LLC子层来说都是透明的，也就是不需要进行考虑的。而且TCP/IP的局域网标准DIX Ethernet V2标准中，也没有关于LLC的使用。

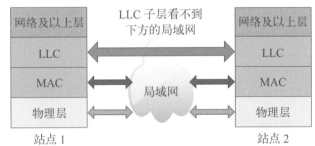

站点 1　　　　　　　　　　　　　　站点 2

### （2）媒体接入控制子层

媒体接入控制（medium access control，MAC）子层，与接入到传输媒体的内容有关。现在很多厂商生产的网络适配器，也就是网卡上，只有MAC协议而没有LLC协议了。

# ▶ 3.2 以太网 MAC 层

以太网数据链路层分为LLC子层和MAC子层。LLC子层可以无视，而MAC子层的MAC地址是二层传输中非常重要的参数。在数据链路层中主要使用MAC地址进行数据的寻址和数据的传输。下面介绍以太网MAC层的相关知识。

## ▶ 3.2.1 MAC地址简介

MAC地址就是常说的硬件地址或者物理地址。在每个网络设备的网络接口，都存在且必须存在这个地址。MAC地址用于在网络中确认网络设备地址信息。MAC地址的长度为48位（6个）字节，通常表示为12个十六进制的数，如18-C0-4D-9E-3A-3E，也可以用"："分隔表示。其中前6位为网络硬件制造商编号，主要由IEEE(电气与电子工程师协会)分配，而后6位十六进制数代表该制造商所制造的某个网络产品(如网卡)的系列号。只要不更改自己的MAC地址，MAC地址在世界是唯一的。形象地说，MAC地址就如同身份证上的身份证号码，具有唯一性。

网络适配器，在收到一个MAC帧时，会检查MAC帧的MAC地址，如果是自己的，则保留并且交由上层处理，否则就丢弃掉该帧。

知识拓展　　　**查看网卡的 MAC 地址**

Windows系统如果要查看计算机的MAC地址，可以在命令提示符界面中，使用"ipconfig/all"命令查看，如下左图所示，也可以在网卡的详细信息界面中查看，如下右图所示。

MAC地址与IP不同，不仅复杂而且分配起来没有规律，构建类似路由表的转发规则也非常困难。整个网络只是传递MAC信息就将占据大量的带宽，占据设备的大量运算资源。

既然MAC地址在世界范围内唯一，为什么不通过MAC地址寻址而使用IP？

### ▶ 3.2.2 MAC帧的种类

MAC帧主要包括三种：

- **一对一的单播帧：** 用于两个节点之间，互相已知对方的MAC地址时通信。
- **一对多的多拨帧：** 用于一个节点对一组节点的通信。
- **一对全的广播帧：** 在不知目标的MAC地址，或需要对其他所有设备的通信时使用。

### ▶ 3.2.3 MAC帧的格式

以太网的MAC帧格式有两种标准：DIX EthernetV2标准以及IEEE的802.3标准。鉴于TCP/IP的广泛应用，现在使用比较广的是以太网V2的标准，该标准规定了以太网的MAC帧格式。

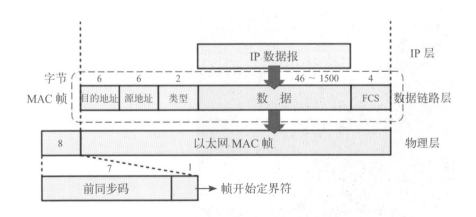

从上图可以看到，在以太网中，IP数据报会封装到整个MAC帧之中。在MAC帧中：
- 使用6个字节标识目的地址，6个字节标识源地址，用于数据回传使用。

- "类型"主要标识上一层使用什么协议，以便将拆出的数据报交给上层的对应协议。
- "数据"是从上层传下的数据报文信息，因为MAC帧的长度最小为64B，最大长度为1518B，所以上层的数据最小为64B减去18B（MAC的其他固定字节），等于46B，最大为1518B-18B=1500B。
- 当传输媒体的误码率为$1 \times 10^{-8}$时，MAC子层可使未检测到的差错小于$1 \times 10^{-14}$。

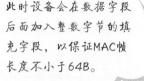

此时设备会在数据字段后面加入整数字节的填充字段，以保证MAC帧长度不小于64B。

如果数据字段长度小于46B怎么办？

知识拓展

## 比特同步的实现方法

为了达到比特同步，在实际向物理层传送数据帧时，还会在帧前插入8个字节。包括了用来迅速实现MAC帧比特同步的7个字节，以及1个字节的帧开始定界符。

## ▶ 3.2.4 无效MAC帧的处理

无效的MAC帧，包括了数据字段的长度与长度字段的值不一致、帧的长度不是整数个字节、用收到的帧检验序列FCS查出有差错、数据字段的长度不在46~1500B之间（有效的MAC帧长度一般为64~1518B）。对于检查出的无效MAC帧会直接丢弃，以太网不负责重传。

知识拓展

## MAC 地址的实际用途

MAC地址在实际使用时，除了负责表示数据的二层信息进行传输外，还可以通过MAC地址对设备的联网行为进行管控，比如常见的MAC地址过滤，可以通过管理设备阻止某MAC地址的设备联网，如下左图所示，或对该设备的网络速度进行限制。另外，黑客可以利用MAC地址进行欺骗，将自己伪装成合法设备进而获取数据，如下右图所示。不过用户可以通过MAC地址绑定来进行防御。

# ▶ 3.3 共享式以太网与交换式以太网

共享式以太网是以太网最早期的状态，逐步被交换式以太网所取代。下面通过原理及通信方式介绍这两者的区别。

## ▶ 3.3.1 共享式以太网简介

前面介绍网络的结构时，提到了总线型结构，共享式以太网就采用了这种结构。在共享式以太网中，所有节点都共享一段传输通道，并且通过该通道传输信息。除了总线型结构外，一部分采用了集线器的星型结构也属于共享式以太网。共享式以太网的主要特点有：

- 通信采用半双工，即所有节点都可以发送和接收数据，但同一时刻只能选择发送或者接收数据。
- 对于较大的数据，以太网通过分包的方式传输，这种数据包就是数据帧。
- 在出现通信冲突时，会使用CSMA/CD协议。
- 共享带宽，即所有设备都共享总带宽，每个设备获得1/n的带宽。

## ▶ 3.3.2 共享式以太网的工作过程

共享式以太网的标准结构就是总线型网络，如下图所示，其工作过程如下所述。

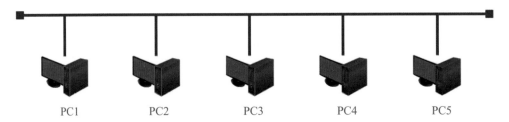

如果PC5给PC1发送信息，则PC5会向数据总线上发送一个数据帧，其他所有计算机都能接收到数据帧。然后计算机都会检测该数据帧，当PC1发现数据帧的目的地址是自己时，就会接收该数据，并向自己的上层提交。如果是其他计算机，发现目的地址不是自己时，就会将该数据帧丢弃掉。这样以太网就在具有广播特性的总线上实现了一对一的数据通信。

由于以太网的信道质量较好，误差较小，所以以太网对数据帧也不进行编号以及要求对方发回确认。这点和PPP协议类似。另外也不必先建立连接，可直接发送数据。

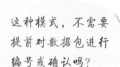

这种模式，不需要提前对数据包进行编号或确认吗？

以太网提供的是不可靠的交付、尽最大努力的交付。校验数据帧，如果发生了错误，接收端就会丢弃。而这个错误，上层会有对应的机制解决，数据链路层不做考虑。当上层发现数据少了，会要求发送端重传，对于数据链路层来说，这次发送的帧和之前发送的帧按照同样的标准进行发送和接收，不会考虑是不是上一次的后续或者是跟上一次有什么联系。

### ▶ 3.3.3 CSMA/CD协议

传统的共享式以太网会使用CSMA/CD协议。CSMA/CD（carrier sense multiple access/collision detection）的全称是"载波监听多点接入/碰撞检测"，其中，"多点接入"指的是网络上的计算机以多点方式接入，就如总线型网络。"载波监听"指的是用电子技术检测传输介质，每个设备发送数据前都需要检测网络上是否有其他计算机在发送数据。如果有，则暂时停止发送数据。

知识拓展 **侦听的方法**

从电气原理上解释，计算机在发送数据前和发送数据时，检测网线上电压的大小。如果有多个设备在发送数据，那么往往线上的电压就会有大的波动，计算机就会认为产生了碰撞，也就是冲突。所以CSMA/CD也叫做"带冲突检测的载波监听多路访问"。

当某个网络上的设备A检测到网络是空闲的，就开始向设备B发送数据。虽然电信号非常快，但是也不是瞬间就可以到达的，总会经过一段极其微小的时间。若在这时间内，恰巧B因为检测到网上没有信号并开始发送数据，那么结果就是刚发送，就碰撞了。整个过程如下图所示，两个帧都没法使用了。

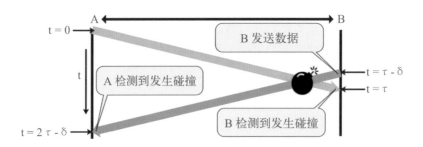

其中B本来应该在t＝τ时收到A数据，但其检测网络没有数据传输后，立刻发送了数据，并在t＝τ时收到了数据，经过检测判断，刚才发送的包与现在接收的包已经发生了碰撞。而A在发送完数据后，应该等到t＝2τ接收到B返回的信息，但是因为B提前发送了，所以A收到数据的时间其实是小于2τ的，经过检测判断，网络上发生了碰撞。2τ被称为征用期，也叫做碰撞窗口。如果这段时间后，仍没检测到碰撞，就认为发送未产生碰撞。所以使用CSMA/CD协议的以太网不能使用全双工，只能使用半双工模式通信。每个站点发送数据后，都会存在碰撞的可能。这种不确定性直接降低了以太网的带宽。

当检测到碰撞发生后，发送端以及接收端立即停止发送数据，并继续发送若干比特的人为干扰信号，让所有用户都知道现在已经发生了碰撞，并等待随机时间再次检测和发送数据。

发生碰撞后，网络设备会怎么做？

### ▶ 3.3.4  交换式以太网

交换式以太网是以交换机为中心构成，大部分都是星型拓扑结构的网络，现在已经广泛应用于局域网中。它的出现将共享式以太网的总线通信冲突问题隔绝在每一个端口，并摆脱了所有设备共享一条数据总线的固有缺陷。只有涉及该端口的通信的设备之间才可能产生冲突，不会影响其他端口正常传输数据。关于冲突域将在后面的章节介绍。

交换式以太网以交换器为中心，交换机配有强大的传输矩阵，可以同时为所有设备提供连接的接口和单独的数据通道。由它来提供数据的转发和传输，就好像每个节点都拥有一条独立的通信线路，不同节点之间的数据传输可以同时进行，互不影响，也不会造成线路阻塞，引起传输速率降低，所以交换机被广泛使用。

# ▶ 3.4 PPP 协议

仅仅有原始链路的话，只是解决了数据的道路，而这些数据如何在道路上传输、使用什么规则、出现问题如何进行处理，就需要协议支持和规范了。在数据链路层上最常见的协议就是PPP协议。

PPP协议在早期主要应用在电话线上网以及后来的宽带拨号验证上。现在也在使用，用户可以在路由器中查看WAN口的上网配置，其中的PPPoE就是使用的PPP协议。

现在还在用PPP协议吗？

## ▶ 3.4.1 PPP协议简介

PPP（point to point protocol），也就是点对点协议，主要是为在点对点连接上传输多协议数据包提供了一个标准方法，如下图所示。在TCP/IP协议集中它是一种用来同步调制连接的数据链路层协议，替代了原来非标准的第二层协议，即SLIP。除了IP以外PPP还可以携带其他协议。

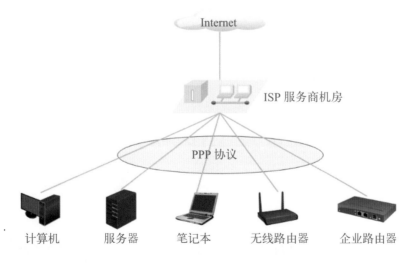

PPP链路提供全双工操作，并按照顺序传递数据包。设计目的主要是用来通过拨号或专线方式建立点对点连接发送数据，使其成为各种主机、网桥和路由器之间简单连接的一种共通的解决方案。

PPP具有以下功能：

- PPP具有动态分配IP地址的能力，允许在连接时刻协商IP地址。
- PPP支持多种网络协议，比如TCP/IP、NetBEUI、NWLINK等。
- PPP具有错误检测能力，但不具备纠错能力，所以PPP是不可靠传输协议。
- 无重传的机制，网络开销小，速度快。
- PPP具有身份验证功能。
- PPP可以用于多种类型的物理介质上，包括串口线、电话线、移动电话和光纤（例如SDH），PPP也用于Internet接入。

PPP协议不提供使用序号和确认的可靠传输，在数据链路层出现差错的概率不大时，使用PPP协议是非常合理的。因为在Internet中，上层的网络层数据报被封装到帧中，而数据链路层的可靠传输并不能保证网络层的传输也是可靠的。另外，帧的检验序列FCS字段可以保证无差错接收即可。

## ▶ 3.4.2  PPP协议的组成

PPP协议主要由三个部分组成：

- 将IP数据报封装到串行链路的方法。
- 链路控制协议LCP（link control protocol）。
- 网络控制协议NCP（network control protocol）。

其中，PPP封装提供了不同网络层协议同时在同一链路传输的多路复用技术。PPP封装能保持对大多数常用硬件的兼容性，是克服了SLIP不足之处的一种多用途点到点协议，它提供的WAN数据链接封装服务类似于LAN所提供的封闭服务。所以，PPP不仅仅提供帧定界，而且提供协议标识和位级完整性检查服务。

LCP是一种扩展链路控制协议，用于建立、配置、测试和管理数据链路连接。NCP协商该链路上所传输的数据包格式与类型，建立、配置不同的网络层协议。

# ▶ 3.5  常见设备及工作原理

数据链路层常见的设备包括了网卡、交换机等，下面介绍这些设备以及其工作原理等。

## ▶ 3.5.1  网卡

网卡全称为网络接口卡或者叫网络适配器，常见的计算机PCI-E独立网卡，如下左图所示，以及光纤网卡及其光纤模块，如下右图所示。

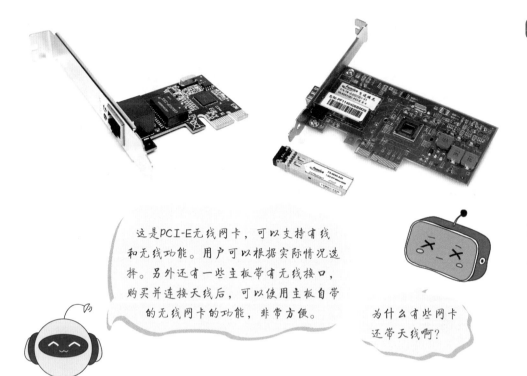

这是PCI-E无线网卡，可以支持有线和无线功能。用户可以根据实际情况选择。另外还有一些主板带有无线接口，购买并连接天线后，可以使用主板自带的无线网卡的功能，非常方便。

为什么有些网卡还带天线啊？

## （1）网卡的作用

网卡上面装有处理器和存储器（包括RAM和ROM）。网卡和局域网之间的通信是通过电缆或双绞线以串行传输方式进行的。网卡和计算机之间的通信则是通过计算机主板上的I/O总线以并行传输方式进行。因此，网卡的一个重要功能就是要进行串行/并行转换。由于网络上的数据速率和计算机总线上的数据速率并不相同，因此在网卡中必须装有对数据进行缓存的存储芯片。

所以网卡起到连接网络、链路管理、帧的封装与解封、数据缓存、数据收发、串行/并行转换、介质访问控制等功能。

## （2）网卡的分类

网卡按照不同的标准可以分为不同的类别。

① 按照存在形式分类　网卡按照存在的形式，可以分为集成网卡和独立网卡。集成网卡的网卡模块在主板上，用户可以拆开计算机，在网络接口附近找到这块芯片，如下左图所示。

② 按照接口分类　按照接口，可以分为PCI网卡，PCI-E网卡、USB有线网卡、PCMCIA网卡等。PCI网卡已经逐渐退出了历史舞台，现在主要使用的，就是PCI-E网卡。而USB有线网卡，如下右图所示，经常在一些特殊场合使用。USB网卡的特点就是使用灵活、携带方便、节省资源。PCMCIA网卡是笔记本网卡，现在也基本见不到了。

③ 按照速度分类　按照速度划分，可以将网卡分为10Mbps网卡、100Mbps网卡、1000Mbps网卡、100Mbps/1000Mbps网卡以及万兆网卡。10Mbps的网卡早已被淘汰，目前的主流产品是100Mbps/1000Mbps自适应网卡，能够自动侦测网络速度并选择合适的带宽来适应网络环境。随着网络的发展，以后主流的将会是万兆网卡。

④ 按照传输介质分类　按照传输介质可以分为有线网卡和无线网卡。

有线网卡就是可以连接RJ45接口的网卡。无线网卡用于连接无线网络，利用无线信号作为信息传输的媒介构成的无线局域网。

知识拓展

如果配备了光纤网卡，可以通过光纤模块直接接到电脑上，进行数据传输。

## ▶ 3.5.2　集线器

在星型网络拓扑中，多台网络终端之间相互通信，需要一台中心设备来进行数据包的中转。在以前最常见到及使用的就是集线器了。

需要注意的是，集线器从原理上来说，其实是属于物理层设备。之所以首先介绍，因为集线器涉及以太网中数据传输很多的知识点，比如冲突域等。为了更好地理解数据链路层的作用，方便对比，首先介绍集线器的一些基础知识。

### （1）集线器简介

集线器，也叫做"Hub"，就是"中心"的意思。集线器基本已经告别了历史舞台，但在以前使用非常广泛，通常作为网络的中心节点。集线器属于OSI参考模型的第一层。

### （2）集线器的工作原理

集线器如右图所示，当集线器某个
接口收到数据（其实也不应该叫数据，
作为第一层设备，本身处理的只是简单
的"0""1"而已）时，会将信号进行放
大，然后通过其他所有端口发送出去。
比如收到1，就发送1，收到0就发送0，

就像一条总线一样。而设备通信需要按照CSMA/CD协议，先进行检测再发送。

所以集线器并不具备交换机那种学习和存储记忆功能，也没有MAC地址表。所
以它并不属于二层设备，所做的就是类似广播一样将收到信号进行转发。当然Hub还
是有优势的，添加移除网络节点方便。而缺点也和总线型网络一样，所有加入到Hub
中的设备共享带宽，每个设备仅能得到"总带宽/总设备数量"的带宽。

此时若发生环路或者网络故障，比如直接将集线器的两个端口用一根网线连接
起来，或者某个端口不停接收到毫无意义的电子信号，那么集线器就会无脑转发。
会直接造成网络冲突，理论上最后会达到无限大。这样，网络就会直接崩溃。

### （3）冲突域

处在同一条总线（集线器）中的两台或者多台主机，在发送信号时，会产生冲
突，所以定义这些主机处在同一个冲突域中。同一个冲突域中的设备通信，就有可
能产生数据的碰撞，造成数据帧的丢失，而集线器并不能直接避免这种冲突。

如下图所示，所有连接到同一个集线器的所有设备，认为也处于同一个冲突域
中。冲突域相连，会变成一个更大的冲突域。所以不要认为这是三个冲突域，因为
最上方中心集线器的关系，它们全部都在一个冲突域中。

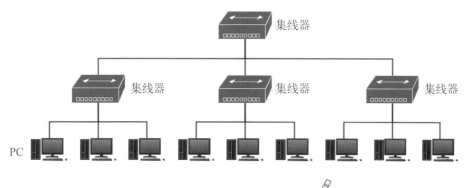

知识拓展　　**集线器的安全性**

使用集线器时根本谈不上安全性，集线器的某个端口工作的时候，其他所有端口都能够收听
到信息。无需任何设置，通过网卡侦听模式就可以获取所有设备通信的数据。

冲突域中的网络设备越多，冲突频率也会增加，会造成网络质量的降低和带宽的减少，严重的情况会造成网络的堵塞和崩溃。为避免或者说改进这种状态，就出现了网桥，网桥可以分割冲突域。

如何避免冲突的产生啊？

## ▶ 3.5.3　网桥

网络是数据链路层的设备，现在也已经基本被淘汰了。但是网桥可以分割冲突域，而且根据网桥的原理制造的交换机却一直都在使用。所以接下来介绍网桥的工作原理。

### （1）网桥简介

网桥一般有两个端口，分别有一条独立的交换信道，而不是共享一条背板总线（集线器），所以可隔离冲突域，而且网桥比集线器性能更好。经过多年的发展，网桥被具有更多端口，同时也可隔离冲突域的交换机所取代。

是的，网桥可以处理二层的数据帧，并根据MAC帧来进行寻址。经过学习和记录后，判断目标位置，如果不是广播帧，查看目的MAC地址后，再确定是否进行转发，以及应该转发到哪个端口。

网桥是二层设备吗？

### （2）网桥的结构

常见的使用网桥的网络逻辑拓扑结构如下图所示。

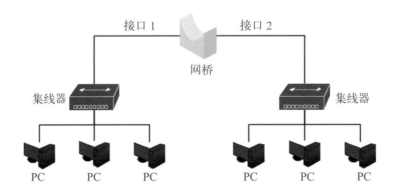

网桥的内部结构比集线器复杂得多，因为其工作在数据链路层的关系，必须能读懂且利用数据包的二层信息。网桥内部结构示意如下图所示。

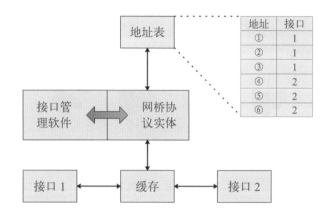

### （3）网桥的优缺点

网桥替代了集线器，可以隔绝冲突域，但由于本身性能的问题，被逐渐淘汰。

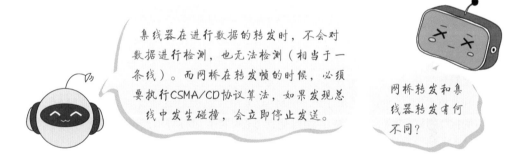

① 优点　网桥隔绝了冲突域，使各端口都为一个独立的冲突域，间接地过滤了一些占用带宽的通信量。经过网桥的中转，也扩大了网络的覆盖范围。提高了可靠性。可以连接不同物理层、不同MAC子层和不同速率的局域网。

② 缺点　因为和集线器无脑的直接转发不同，网桥需要将比特流变成帧，然后读取信息，并形成表，以及根据表确定帧的转发端口，这样的存储转发会增加时延。具有不同MAC子层的网段桥接在一起时，时延更大。所以，网桥适合用户不多和通信量不大的场景，否则极易产生网络风暴。

### （4）网桥的工作过程

网桥的工作过程和交换机基本类似，虽然只有两个接口，但是也会进行和交换机一样的工作过程。下图以最简单的网桥结构为例，向读者介绍网桥的工作过程。

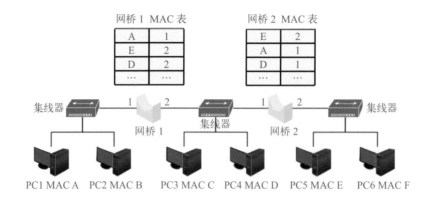

如PC1要给PC5发送数据帧，会发送目标是PC5的广播帧。当网桥1收到广播帧后，记录下PC1对应的MAC地址A，以及该主机发送的广播帧是从网桥1的端口1收到的这两个重要数据，并记录在MAC表中。接着，网桥1会将广播帧从其端口2发出。此时PC2虽然也同时收到了广播帧，但是目的地不是自己，就丢弃了。

PC3和PC4也同时收到了广播帧，同样丢弃。广播帧到达网桥2后，同样记录，并继续通过网桥2端口2转发该广播帧。

PC6同样丢弃目的地不是自己的广播帧。此时PC5收到广播帧，并反馈一个回复信息给PC1。

该数据帧通过网桥2，会记录PC5对应的MAC地址E以及接收到该帧的端口2。查找网桥2的MAC地址表，发现目标PC1的MAC地址A对应的端口是1，就直接从1端口将数据帧转发出去。

到达网桥1后，同样记录下PC5的MAC E和来源——端口2。并查找到MAC表中对应的PC1的MAC A，所对应的端口是1，就从网桥1的1号口转发出去就可以了。最后PC1就收到了PC5回复的帧，包括其MAC地址。PC1继续发送的帧就不用广播了，直接填入PC5的MAC地址，网桥收到帧后，因为有PC5的对应端口2，所以直接转发，然后以此类推。

**❗注意事项**

与交换机的转发不同，交换机凭借强大的背板矩阵，可以将数据直接发送到目的端口，从而将冲突域缩小到端口。而网桥一般连接的是总线型网络，所以转发后，在总线中的其他设备也能收到该数据包。

## 网桥的功能

从上面的整个过程可以看到网桥的主要功能有：

①学习：网桥的工作首先就是学习，对于所有进入的帧，都会读取其MAC地址，并记录下MAC地址和进入的端口号，形成MAC地址表。（记录的还有时间，因为要考虑拓扑的变化以及终端离线的情况，必须保证网络拓扑以及MAC实时、有效，所以要不断更新MAC表）网

桥默认，如果A的帧从某接口进入，那么通过该接口就肯定能找到A。

②转发：依据学习到的MAC地址表，在表中能查到的，就转发到对应的接口。如果不能查到，则除了接收数据帧的接口外，向其他所有端口进行转发。如果发现目标MAC地址对应的接口就是数据帧进入的接口（如PC1向PC2发送数据帧），那么丢弃该数据帧。在整个转发过程中，网桥的端口遵循CSMA/CD规则。

### （5）冲突域的分割及广播域

前面介绍了冲突域的概念，也说了网桥可以分割冲突域。从上图中可以看到，2个网桥将整个6台主机分割成了3个冲突域。

PC1、PC2、网桥1的1号接口在一个冲突域，发送数据时，不需要考虑PC3至PC6会产生冲突，而仅仅在3台设备之间执行CSMA/CD规则。通过这种方法，降低发送数据时产生冲突的概率，可以提高数据帧的发送效率，间接地提高了网络的利用率和网络的带宽。另外2个区域同样如此。所以说网桥可以分割冲突域。

广播可以查找通信的对象，但过多的广播会影响到整个网络的带宽和质量，严重的可能会造成网络崩溃。从上面的过程可以看到，不论哪台设备，发送的如果是广播帧，或者目标并不在MAC地址表中，该帧会通过网桥，转发到其他所有的端口。所以，PC1到PC6都在一个广播域中，网桥是无法分割广播域的。

可以分割广播域，减小广播范围。而要分割广播域，只能使用三层的设备，也就是路由器。而二层设备并不需要考虑，也无法考虑这种情况。二层的设备仅仅保证数据帧能够顺利快速地转发到目标。

既然广播会造成那么大的问题，那么如何处理呢？

## ▶ 3.5.4 交换机

交换机是另一个工作在数据链路层的重要设备，在大中小型企业中被广泛地使用。因为工作原理与网桥类似，而且接口众多，交换机也被叫做多口网桥。

### （1）交换机简介

交换机（switch）意为"开关"，是一种用电（光）信号转发数据的网络设备，如下图所示。它可以为接入交换机的任意两个网络节点提供独享的电信号通路。交换机工作在数据链路层，最常见的交换机是以太网交换机，其他常见的还有电话语音交换机、光纤交换机等。公司或者家用的交换机，主要提供大量可以通信的传输端口，以方便局域网内部设备联网使用，或在局域网中，各终端之间或者终端与服务器之间的数据高速传输服务。

## （2）交换机的工作原理

和网桥的工作原理类似，交换机的工作过程示意图如下图所示。

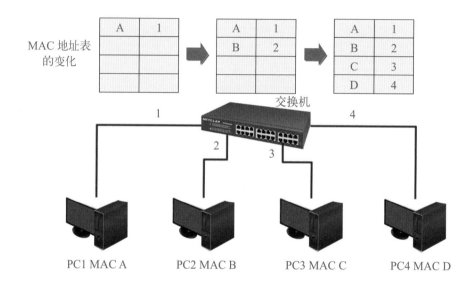

前面介绍了网桥的工作过程，交换机与其类似，下面首先介绍交换机的工作过程：PC1要向PC2发送数据，如果不知道PC2的MAC地址，也会先发送一个广播包，来索要PC2的MAC地址。交换机在收到PC1的广播包后，会将PC1的MAC地址MAC A和端口1记录在MAC地址表中，进行绑定，并向其他端口发送该广播帧。此时PC3和PC4收到广播帧后，发现并不是自己的，则丢弃。而PC2收到后，会返回一个应答帧，将自己的MAC地址发送出去。目标是PC1的地址MAC A。交换机在收到该回应后，会将PC2的MAC地址MAC B和端口2绑定，并查找MAC地址表，发现PC1的MAC地址MAC A对应的端口为1，直接将回应帧通过1号端口发送出去，此时PC3和PC4并不会收到该数据帧。PC1在收到回应帧后，就可以正常发送数据了，而路由器在此后PC1和PC2的通信中，会使用一条专有的数据链路来在两者之间传输数据，不会影响PC3与PC4之间的通信。经过一段时间的记录，交换机会将局域网中所有通信的主机MAC地址和端口进行绑定。

那就产生了多台设备需要共用PCI或PC2的端口链路的情况了，这就变成了总线型通信，多设备处于同一个冲突域，需要遵循CSMA/CD协议的要求，进行侦听再发送数据了。

那如果PCI和PC2之间通信时，其他设备要与其中某台主机通信，或PCI或PC2要与其他设备通信该怎么办？

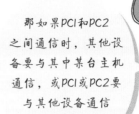

交换机高速通信的原理是交换机拥有一条很高带宽的背部总线和内部交换矩阵。交换机的所有的端口都挂接在这条背部总线上，控制电路收到数据帧以后，处理端口会查找内存中的地址对照表以确定目的MAC挂接在哪个端口上，通过内部交换矩阵迅速将数据包传送到目的端口。目的MAC若不存在，则广播到所有的端口，这一过程叫做泛洪（flood）。接收端口回应后交换机会"学习"新的MAC地址与端口对应关系，并把它添加至内部MAC地址表中。通过交换机的过滤和转发，可以有效地减少冲突域，但它不能划分网络层广播，即广播域，除非划分了VLAN。

> **⚠注意事项 冲突域的范围**
>
> 集线器就相当于一条总线，所有接入的设备都在一个冲突域中。而交换机每个端口是一个冲突域，只有关于该端口的通信才会产生冲突。而其他端口的通信只要不涉及该冲突端口，可以正常通信，不会受到该冲突域影响，也就不必遵循 CSMA/CD 协议。

交换机的背板总线可以理解成交换机的最大吞吐量，也就是交换机总的数据带宽，交换机能够同时转发的最大数据量。该参数标志着交换机总的交换能力。

交换矩阵，指的是背板式交换机的硬件结构，用于在各个线路之间实现高速的点到点连接。可以理解成一个网状结构，每个交换机端口都有一条专用线路直通其他的端口。交换机负责整个线路的连接、中断等。

有了交换矩阵，交换机就可以实现多条线路的同时工作，使每一对相互通信的主机都能像独占通信媒体那样，进行无碰撞地传输数据，而不必像集线器那样，通过广播的方式了。这样就减少了冲突域，提高了网络的速度。

知识拓展

**独享带宽**

比如PC1和PC2之间的通信，并不影响PC3与PC4之间的通信，它们各自都可以完全享受到100M或者1000M的直连速度。并且和集线器不同，交换机可以做到全双工。

### （3）交换机的功能

从上面的整个过程中，可以了解到交换机的主要功能有：

① 学习　以太网交换机了解每一端口相连设备的MAC地址，并将地址同相应的端口映射起来存放在交换机缓存中的MAC地址表中。

② 转发　当一个数据帧的目的地址在MAC地址表中有映射时，它被转发到连接目的节点的端口而不是所有端口（如该数据帧为广播/组播帧则转发至所有端口）。

③ 避免回路　如果交换机被连接成回路状态，很容易使广播包反复传递，从而产生广播封闭，产生广播风暴，造成设备瘫痪。高级交换机会通过生成树协议技术避免回路的产生，并且起到线路的冗余备份。

④ 提供大量网络接口　交换机一般为网络终端的直连设备，为大量计算机及其他有线网络设备提供接入端口，完成星型拓扑结构。

⑤ 分割冲突域　此功能和网桥的作用类似。

### （4）交换机与广播风暴

常听说广播风暴会影响网络，会导致网络的崩溃，那么什么是广播风暴？为什么会造成网络的崩溃呢？

并不是这样，广播风暴的产生和网络通信设备有关系。其实，两台交换机如果没有配置相应防范功能，或直接使用傻瓜交换机，只要用两根线连接，也会产生广播风暴。

设备数量少，广播产生得少，是不是就不会发生广播风暴了？

广播风暴（broadcast storm）简单地讲是指广播数据充斥网络无法处理，并占用大量网络带宽，导致正常业务不能运行，甚至彻底瘫痪，这就发生了"广播风暴"。一个数据帧被传输到本地网段上的多个节点就是广播。由于网络拓扑的设计、连接或其他原因引起广播帧在网段内大量复制、转发，导致网络性能下降，甚至网络瘫痪，这就是广播风暴的产生。产生广播风暴的原因有很多，包括网线短路、病毒、环路产生。

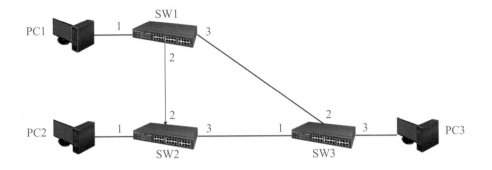

如上图所示，如果PC1要想找PC4，发送广播数据帧后，交换机SW1接收到，查看MAC表，发现并没有PC4的MAC信息，就从将该广播帧从2、3号口继续发送出去。该数据到达SW2后，做同样的工作，并从1、3端口发出。1号口的PC2会将该帧丢弃掉。在SW3中，会收到SW1、SW2发过来的广播帧，又会分别发送到其余两个端口，即使此时PC3有了应答，但链路已经成为环路，广播将继续传播，然后一遍遍循环下去，整个网络中全是这种广播帧，占用交换机资源，最后网络崩溃。

并不是这样，广播风暴的产生和网络通信设备有关系，因为此时在交换机中，都会有2个端口和PC3的MAC地址绑定，所以发出的数据包会在网络中来回不断转发，直到资源耗尽。

PC3应答以后，MAC地址表中应该有其对应的端口号了啊，为什么还会产生广播风暴？

当然，现在的可管理型交换机等都具有针对广播风暴的功能，比如使用生成树协议等，可以在一定程度上遏制广播风暴的发生，但是因为工作机制的关系，只能尽量地降低，而无法彻底避免，如下图所示。使用生成树协议后，会经过计算，将其中一根环路的线禁用掉（其实就禁止一个交换机端口）。这样，网络拓扑就从环路变成了正常的拓扑结构，而关掉的那条线路也不是没用了，而是起到冗余的功能。如果这两条交换机的线路中某一条坏掉了，就会启动被禁用的那条线路，网络就重新恢复了。

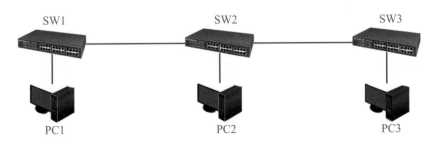

### （5）交换式网络的分层

如下图所示，对于一套大中型网络系统其交换机配置一般由接入层交换机、汇聚层交换机、核心层交换机三个部分组成。

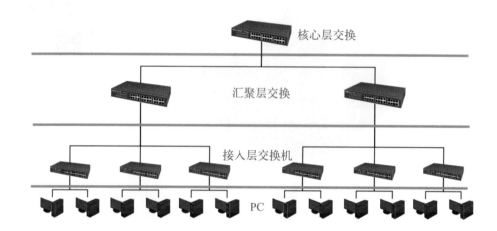

① 接入层　接入层目的是帮助终端连接到网络，因此接入层交换机具有低成本和高端口密度特性。在接入层上应使用性能价格比高的设备，同时应该易于使用和维护。

知识拓展　　**接入层交换的其他功能**

接入层主要解决相邻用户之间的互访需求，并且为这些访问提供足够的带宽。接入层还应当适当负责一些用户管理功能（如地址认证、用户认证、计费管理等）。

② 汇聚层　汇聚层是网络接入层和核心层的"中介"，在工作站接入核心层前先做汇聚，减轻核心层设备的负荷。汇聚层交换机与接入层交换机比较，需要更高的性能、较少的接口和更高的交换速率。汇聚层具有实施策略、安全、工作组接入、源地址或目的地址过滤等多种功能，而且应该尽量采用支持VLAN的交换机，以达到网络隔离和分段的目的。

③ 核心层　核心层是网络的高速交换主干，对整个网络的连通起到至关重要的作用。在核心层中，应该采用高带宽的千兆以上交换机。核心层设备采用双机冗余热备份是非常必要的，也可以使用负载均衡技术，来改善网络性能。网络的控制功能最好尽量少在骨干层上实施。

## （6）交换机的重要参数

比如某台交换机，产品说明有24×10/100/1000M BASE-T端口、2×10G BASE-T端口、4×10G SFP+端口。交换能力336G，64-Byte数据包转发率144Mpps。

① 端口　在挑选交换机时，首先要满足接口数量的要求。产品说明中说了，有24个10/100/1000M自适应的双绞线接口。实际如果超过了，就要选购两台或者选择48口交换机了。另外的2×10G BASE-T，表示有2个万兆双绞线接口，用来和其他交换机连接。4×10G SFP+端口表示有4个万兆的光纤接口，用来进行远距离的光纤高速连接。

② 背板带宽　表示交换机的交换容量，指交换机接口处理器或接口卡和数据总线间所能吞吐的最大数据量。交换容量表明了交换机总的数据交换能力，单位是Gbps。

 所有端口容量×端口数量之和的2倍应该小于背板带宽，则可实现全双工无阻塞交换，证明交换机具有发挥最大数据交换性能的能力。

标明的交换容量应该大于或者等于实际使用时的最大数据交换量。24口千兆应该是24×1Gbps=24Gbps。其余6个口都是万兆，应该是6×10Gbps=60Gbps。这样加起来是84Gbps。另外需要考虑是全双工，那么再乘2。最后应该是84Gbps×2=168Gbps<336Gbps。所以该交换机符合要求，可以实现全双工无堵塞的交换。

全双工端口可以同时发送和接收数据，但需要交换机和所连接的设备都支持全双工工作方式。

③ 包转发率　满配置吞吐量（Mpps），指交换机接口在转发数据包时的效率。交换机包转发率单位一般为Mbps，指的是二层，对于三层以上交换才采用Mpps。

有些常量需要读者了解：100M接口的应该是0.1488Mpps，1000M接口是1.488Mpps，10G接口是14.88Mpps。这是在包为64Byte大小时的转发率。

下面计算该交换机所有的接口在全速工作时包的转发率，公式就是$24×1.488\text{Mpps}+6×14.88\text{Mpps}=124.992\text{Mpps}<144\text{Mpps}$，所以该交换机完全满足满负载时的包转发率也就是吞吐量。包转发率一般和交换容量一起，作为判断交换机是否合格的重要参数。

④ 转发技术　转发技术是指交换机所采用的用于决定如何转发数据包的转发机制。各种转发技术各有优缺点。

a. 直通转发技术。交换机一旦解读到数据包目的地址，就开始向目的端口发送数据包。通常，交换机在接收到数据包的前6个字节时，就已经知道目的地址，从而可以决定向哪个端口转发这个数据包。直通转发技术的优点是转发速率快、减少延时和提升整体吞吐率。

由于没有完全接收并检查数据包的正确性之前就已经开始了数据转发。在通信质量不高的环境下，交换机会转发所有的完整数据包和错误数据包，这实际上是给整个交换网络带来了许多垃圾通信包，交换机会被误解为发生了广播风暴。直通转发技术适用于网络链路质量较好、错误数据包较少的网络环境。

直通转发非常快，肯定非常好吧？

b. 储存转发技术（strore-and-forward）。储存转发技术要求交换机在接收到所有数据包后再决定如何转发。交换机可以在转发之前检查数据包完整性和正确性。其优点是没有残缺、错误的数据包转发，减少了潜在的不必要数据转发。其缺点就是转发速率比直接转发技术慢。储存转发技术比较适用于普通链路质量的网络环境。

知识拓展　　**碰撞逃避转发技术**

碰撞逃避转发技术通过减少网络错误繁殖，在高转发速率和高正确率之间选择了一条折中的办法。

⑤ 转发延时　交换机延时是指从交换机接收到数据包到开始向目的端口复制数据包之间的时间间隔。有许多原因会影响延时大小，比如转发技术等。采用直通转发技术的交换机有固定的延时。而采用储存转发技术的交换机，它的延时与数据包大小有关，数据包大则延时大，数据包小则延时小。

⑥ 交换机的其他功能　一般的接入层交换机，需要考虑背板带宽、转发性能等。另外，简单的QoS保证、安全机制、支持网管策略、生成树协议和VLAN都是必不可少的功能。上面提到了直通交换、存储转发的相关概念，应该根据实际网络环境进行选择。存储转发方式是目前交换机的主流交换方式。

链路聚合可以让交换机之间和交换机与服务器之间的链路带宽有非常好的伸缩性，比如可以把2个、3个、4个千兆的链路绑定在一起，使链路的带宽成倍增长。链路聚合技术可以实现不同端口的负载均衡，同时也能够互为备份，保证链路的冗余性。在一些千兆以太网交换机中，最多可以支持4组链路聚合，每组中最多4个端口。但也有支持8组链路聚合的交换机。在一个网络中设置冗余链路，并用生成树协议让备份链路阻塞，在逻辑上不形成环路，而一旦出现故障，就启用备份链路。

选择交换机时，除了考虑交换机的端口需要冗余，还应根据需要选择是否需要支持PoE设备，如果需要，那么选择具有PoE供电功能的交换机，如下左图所示。另外，查看交换机提供的扩展接口中是否有光纤接口、级联端口等，来决定是否需要配备光纤模块，如下右图所示。

## ▶ 3.6 差错及流量控制技术

数据链路层的一项重要工作就是差错控制，并且在检错的基础上，增加了流量控制技术。下面介绍这两项技术的具体内容。

### ▶ 3.6.1 差错控制技术

差错控制指的是在数据通信过程中，能发现或纠正差错，把差错限制在尽可能小的允许范围内的技术和方法。

### （1）差错产生原因

信号在物理信道中传输时，线路本身电气特性造成的随机噪声、信号幅度的衰减、频率和相位的畸变、电气信号在线路上产生反射造成的回音效应、相邻线路间的串扰以及各种外界因素（如大气中的闪电、开关的跳火、外界强电流磁场的变化、电源的波动等）都会造成信号的失真，信号波形传到接收方就可能会发生错误。通常为了减少传输差错，一般采用两种策略：改善线路质量和差错检测与纠正。

### （2）检测方法

差错控制最常用的技术是在发送端，通过对数据单元进行计算得到一个校验码作为发送数据的冗余码，然后将由数据单元和冗余码组成的数据帧发送出去。接收端收到数据后，采用相同的校验码计算方法求得标准的冗余码，与数据帧携带的冗余码进行比较，如果不正确就表明数据出错了。这种技术之所以被称为"冗余校验技术"，是因为一旦传输被确认无误，那些附加的冗余数位便被自动丢弃。在数据链路层进行差错控制的两大目标是尽量降低误码率以及尽量提高编码效率。

知识拓展　

如果接收方知道有差错发生，但不知道是怎样的差错，然后向发送方请求重传，这种策略称为检错。如果接收方知道有差错，而且知道是怎样的差错，这种策略称为纠错。差错控制编码可以分为检错码（用于自动发现传输差错的编码）以及纠错码（能自动发现而且能自动纠正传输差错的编码）。

### （3）差错检测技术

差错检测技术一般分为以下几种。

① 奇偶校验检错码　奇偶校验是在所发送的每个字符后面添加一个校验位，称为奇偶位。奇校验是指若字符中有奇数个1则添校验位0，若偶数个1则添校验位1，最终保证字符中有奇数个1。偶校验是指若字符中有奇数个1则添校验位1，若偶数个1则添校验位0，最终保证字符中有偶数个1。例如发送1110010时，采用奇校验为11100101，偶校验为11100100。奇偶校验可以检测奇数位错误，而不能检测偶数位错误。奇偶校验也无法判断是哪些位发生错误。偶校验一般用于同步传输，奇校验一般用于异步传输。

② 循环冗余CRC检错码　在网络协议中最常用的差错检测技术是循环冗余码校验技术CRC，它能检测出更多的错误，常用在数据链路层，在网络传输的数据帧的后面有一个帧校验序列FCS，它就是CRC。

#### （4）差错控制技术

在数据链路层进行差错控制时，会使用以下技术。

① 自动重传请求技术　当接收端检测出数据帧中的错误后，就将有错误的帧丢弃，那么出错的数据帧如何恢复呢？这就是差错控制技术，其基本技术就是自动重传请求技术，其核心是通过收发双方的确认和重传方式实现。确认技术有：

正确认超时重传：接收方在成功接收无差错的数据帧后，返回给发送方一个正确认消息ACK。若发送方在超过一定时间间隔后，没有收到ACK，则重新发送该数据帧。

负确认重传：接收方在检测到数据帧有差错时，返回一个负确认NAK，发送方重发该数据帧。

② 停等ARQ技术　停等ARQ技术采用的是正确认超时重传技术。发送方每发送一个数据帧就等待一个正确认，在收到接收方发送的ACK后才发送下一个数据帧。

③ 后退N-ARQ技术　后退N-ARQ技术就是在发送方收到ACK之前可以连续发送多个数据帧而不必等待正确认ACK(N)的到来。但是如果在这期间接收到一个错误的NCK(N)，则N以后的所有已发送的帧都需重发。

④ 选择重发ARQ技术　后退N-ARQ解决了停等ARQ的网络利用率低的问题，但是后退N在重发的时候，不管N后面的数据帧是否有错都要重新发送，这样浪费了系统资源，于是提出了选择重发ARQ技术。选择重发ARQ只是发送出错的数据帧，这样提高了信道的利用率，但是要求接收方维持较大的缓冲区间，以便存储已到达无差错、但序号不连续的帧，等到发送方重发的帧到齐后，再将其插入到适当位置进行按序接收。

## ▶ 3.6.2　流量控制技术

在数据链路层，由于收发双方各自工作速率和缓冲存储空间的差异，当发送方发送的数据速率大于接收方接收的能力时，就会发生数据的溢出和丢失。这时，就需要对收发双方的数据流量进行控制，使发送方的速率不致超过接收方所能承受的能力。这就是数据链路层的流量控制。流量控制有如下几种技术。

#### （1）滑动窗口

流量控制的过程需要通过某种反馈机制使发送方知道接收方是否能跟得上发送速率，需要有一些规则控制发送方的发送和等待时机。所以现在普遍采用的是滑动窗口流控机制，其工作原理是：

① 通信双方在数据交换前，准备好各自的接收缓存区，并通告对方，作为对方的

发送窗口。

② 发送方在收到确认前，可以发送的最大数据量是由发送窗口大小决定，在没有收到ACK时，窗口不断缩小，只有收到ACK，窗口才能向右滑动相应空间。

③ 接收端可以接收的最大数据量是接收窗口的大小，每接收一个数据帧，窗口就收缩一个空位，当通过帧的差错检测，并向发送端发送ACK后，接收窗口就向右滑动并扩展空位。

④ 帧的顺序号占据帧的一个域，域的位数决定了顺序号的大小，比如域的大小是三位，则帧的顺序号为0 ~ $(2^3-1)$。

知识拓展　　**滑动窗口流量控制机制的特点**

发送方根据接收方的接收窗口大小界定发送数据量，滑动窗口左边为已发送并确认的数据，窗口内为可以一次发送的数据，窗口右边为待发送的数据。

## （2）HDLC协议

高级数据链路控制（high-level data link control，HDLC）协议是一个面向比特流的通用数据链路协议，它描述了数据链路层帧的结构和收发双方对数据链路的控制规程。可实现完全可靠的数据帧的传输控制。包括帧的确认重传、差错控制、流量控制等。HDLC的操作模式有主节点方式操作、从节点方式操作、混合节点操作。主节点负责对数据流的组织和数据差错控制的实施。

# ▶ 3.7 虚拟局域网

前面介绍了交换机能隔绝冲突域而不能隔绝广播域，所以需要使用路由器，或者使用虚拟局域网技术来隔绝广播。下面介绍虚拟局域网的相关知识。

## ▶ 3.7.1 虚拟局域网简介

虚拟局域网VLAN（virtual local area network，VLAN），是一种将局域网内的设备划分成一个个网段的技术。这里的网段是逻辑网段的概念，而不是真正的物理网段。VLAN是一组逻辑上的设备和用户，这些设备和用户并不受物理位置的限制，可以根据功能、部门及应用等因素将它们组织起来，相互之间的通信就好像它们在同一个网段中一样，由此得名虚拟局域网，如下图所示。

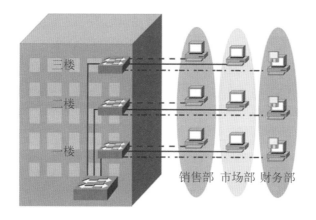

### ▶ 3.7.2    划分虚拟局域网的原因

划分虚拟局域网主要出于三种考虑。

第一是基于网络性能的考虑。当网络规模很大时，网上的广播信息会很多，会使网络性能恶化，甚至形成广播风暴，引起网络堵塞。可以通过划分很多虚拟局域网而减少整个网络范围内广播包的传输，因为广播信息是不会跨过VLAN的，可以把广播限制在各个虚拟网的范围内，缩小了广播域，提高了网络的传输效率。

第二是基于安全性的考虑。因为各虚拟网之间不能直接进行通信，而必须通过路由器转发，为高级的安全控制提供了可能，增强了网络的安全性。

第三是基于组织结构上考虑。同一部门的人员分散在不同的物理地点，比如集团公司的财务部在各子公司均有分部，但都属于财务部管理，虽然这些数据都是要保密的，但需统一结算时，就可以跨地域(也就是跨交换机)将其设在同一虚拟局域网之中，实现数据安全和共享。

### ▶ 3.7.3    虚拟局域网划分方法

VLAN可以基于多种方法进行划分：

- **基于端口的VLAN**：最常用的划分手段，接入到该接口的设备即可接入某个VLAN，配置也相当直观简单。不同的虚拟局域网之间进行通信需要通过路由器。采用这种方式的虚拟局域网其不足之处是灵活性不好。在基于端口的虚拟局域网中，每个交换端口可以属于一个或多个虚拟局域网组，比较适用于连接服务器。

- **基于MAC地址**：在基于MAC地址的虚拟局域网中，交换机对站点的MAC地址和交换机端口进行跟踪，在新站点入网时根据需要将其划归至某一个虚拟局域网，而无论该站点在网络中怎样移动，由于其MAC地址保持不变，因此用户不需要进行网络地址的重新配置。这种虚拟局域网技术的不足之处是在站点入网时，需要对交换机进行比较复杂的手工配置，以确定该站点属于哪一个虚拟局域网。

- **基于IP地址：** 在基于IP地址的虚拟局域网中，新站点在入网时无须进行太多配置，交换机则根据各站点网络地址自动将其划分成不同的虚拟局域网。在三种虚拟局域网的实现技术中，基于IP地址的虚拟局域网智能化程度最高，实现起来也最复杂。

## ▶ 3.7.4　虚拟局域网之间的通信

尽管大约有80%的通信流量发生在VLAN内，但仍然有大约20%的通信流量要跨越不同的VLAN。目前，解决VLAN之间的通信主要采用路由器技术。VLAN之间通信一般采用两种路由策略，即集中式路由和分布式路由，或由VLAN本身的访问控制技术。

### （1）集中式路由

集中式路由策略是指所有VLAN都通过一个中心路由器实现互联。对于同一交换机（一般指二层交换机）上的两个端口，如果它们属于两个不同的VLAN，尽管它们在同一交换机上，在数据交换时也要通过中心路由器来选择路由。

这种方式的优点是简单明了，逻辑清晰。缺点是由于路由器的转发速度受限，会加大网络时延，容易发生拥塞现象。因此这就要求中心路由器提供很高的处理能力和容错特性。

集中式路由有什么优缺点？

### （2）分布式路由

分布式路由策略是将路由选择功能适当地分布在带有路由功能的交换机上（指三层交换机），同一交换机上的不同VLAN可以直接实现互通，这种路由方式的优点是具有极高的路由速度和良好的可伸缩性。

知识拓展　　**虚拟局域网的技术标准**

虚拟局域网的技术标准主要有2个：IEEE 802.1Q是IEEE 802委员会制定的VLAN标准，是否支持IEEE 802.1Q标准是衡量LAN交换机的重要指标之一，目前新一代的LAN交换机都支持IEEE 802.1Q，而较早的设备则不支持；ISL协议是由Cisco开发的，它支持实现跨多个交换机的VLAN，该协议使用10bit寻址技术，数据包只传送到那些具有相同10bit地址的交换机和链路上，由此来进行逻辑分组，控制交换机和路由器之间广播和传输的流量。

## \\ 专题拓展 //

# 查看及修改 MAC 地址

MAC地址在网络设备生产时就被写入其中了，MAC地址在全球具有唯一性。但MAC地址也不是不可修改，在进行网络实验需要修改MAC地址，或者用户的MAC地址被网络中的管理设备禁用后，需要修改MAC地址来解禁。下面介绍在操作系统中修改MAC地址的方法。

**步骤 01** 在Windows 10右下角的网络图标上单击鼠标右键，选择"打开网络和Internet设置"选项，在网络"设置"界面中，选择"状态"选项，在网络状态中，单击网卡的"属性"按钮，如下左图所示。

**步骤 02** 无论是有线网卡还是无线网卡，在"状态"界面中的"物理地址（MAC）"后，都可以看到该网卡的MAC地址，如下右图所示。

**步骤 03** 如果要更改MAC地址，在"状态界面"中，单击"更改适配器选项"按钮，如下左图所示。

**步骤 04** 在需要更改MAC地址的网卡上，单击鼠标右键选择"属性"选项，如下右图所示。

步骤 **05** 单击"配置"按钮，如下左图所示。

步骤 **06** Windows弹出警告信息，单击"是"按钮，如下右图所示。

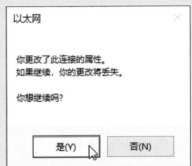

步骤 **07** 切换到下图中的"高级"选项卡，找到并选择"Network Address"选项，在右侧单击"值"单选按钮，输入新的MAC地址，完成后确认返回即可。

## 知识拓展

### Linux 修改 MAC 地址

在Linux中，可以在图形界面，如下图Ubuntu的网卡参数中，在"克隆的地址"后，输入新的MAC地址，应用后重启网络服务即可。

第 **4** 章

# 网络的导航员——网络层

**本章重点难点**

- 网络层的作用
- 网络层的主要协议
- IP协议
- 网络层设备

网络层是OSI七层模型的第三层，也是TCP/IP协议中最重要的组成部分之一。网络层的作用就像是导航员，为数据的传输指引方向，从多条线路中选择一条可以最快到达目的地址的道路，经过导航员之间的接力，将数据包快速送达目的地。所以找路是其最关键的功能。本章就将向读者介绍网络层的相关知识。

# 首先，在学习本章内容前，先来几个问题热热身。

\ 热身问题 /

数据链路层使用MAC地址进行寻址和数据的转发，而网络层使用IP地址进行寻址和数据的转发，这也是网络层的核心。

**初级：** IP地址有哪两种？

**中级：** 网络层常见的网络设备有哪些？

**高级：** 常见的网络层协议有哪些？

\ 参考答案 /

**初级：** 有IPv4及IPv6两种。

**中级：** 常见的有路由器、三层交换机、防火墙等。

**高级：** 常见的有地址解析协议ARP、逆地址解析协议RARP、ICMP协议、IGMP协议、NAT协议、VPN协议等。

本章就将向读者解释这些内容。来进行我们的讲解吧。

# ▶ 4.1 认识网络层

数据链路层解决的是相邻节点通信的问题，主要应用在局域网以及相邻可直连的网络设备通信中，而网络层解决的是主机到主机，也叫做端到端的通信。此时两通信终端不仅跨越"千山万水"，而且可能跨越多种不同的网络结构。此时只要这些网络设备支持TCP/IP协议，就可以通过网络层的各种协议，将IP数据报准确地传输到目标主机中，如下图所示。

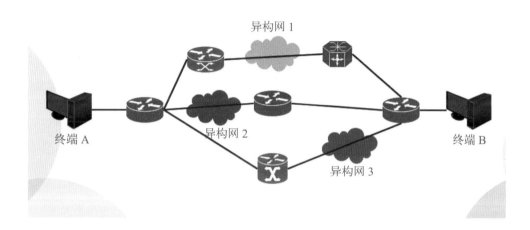

## ▶ 4.1.1 网络层的作用

网络层在实现将IP数据报稳定传送到目标主机的过程中，主要关注以下几个问题。

### （1）封装与解封

网络层将从传输层收到的数据段分组后，加入IP数据报头信息封装成IP数据报，选择目的路径后向下递交给数据链路层，在到达对端主机后进行解封操作，如下图所示。

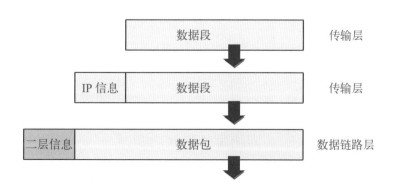

## （2）路由与转发

网络层通过各种路由算法，为数据分组报文的发送计算并寻找到最优的路径，加入或修改目标的网络参数后，交给数据链路层进行下一步处理，最后通过物理层发送出去。但在网络层看来，整个传输过程如下图所示。

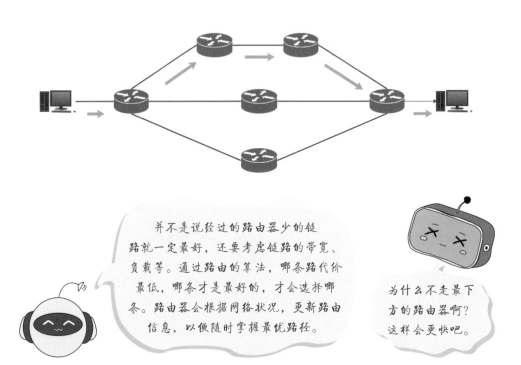

并不是说经过的路由器少的链路就一定最好，还要考虑链路的带宽、负载等。通过路由的算法，哪条路代价最低，哪条才是最好的，才会选择哪条。路由器会根据网络状况，更新路由信息，以便随时掌握最优路径。

为什么不走最下方的路由器啊？这样会更快吧。

## （3）拥塞控制

通过路由器的寻路功能，避过拥堵的线路，选择空闲的线路，在一定程度上进行了数据的科学分流，实现了流量的控制。

## （4）连接异构网络

互联网是由很多局域网组成，局域网存在很多使用不同协议的网络，而在广域网中也存在不同种类的网络设备。只要这些网络支持TCP/IP协议，通过路由设备就可以将这些网络及设备连接起来。对于网络层及以下层来说，可以做到尽最大努力交付数据。对于上层来说，无需考虑数据的传递具体的实现方法，完全属于透明传输，只要将网络参数及数据交付给网络层即可。

知识拓展　　**网络层的其他功能**

除了上面提到的主要功能外，网络层还提供网络连接复用、差错检测、服务选择等。

## ▶4.1.2 虚电路与数据报

在介绍IP协议前，需要先了解下网络层的数据传输方式，以便更好地理解网络层。这里就涉及了两个服务：虚电路和数据报。

### （1）虚电路服务

虚电路是一种网络层的服务，是在通信设备两端之间建立一条虚拟的电路。当然，这只是一条逻辑上的链路，所有数据包都通过这条逻辑链路传输，按照存储转发的方式发送，而不是真的建立了一条物理链路，如下图所示。

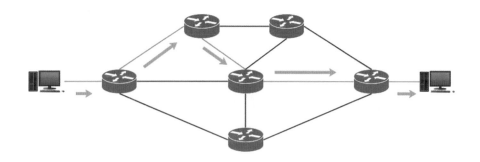

虚电路有如下特点：

● 虚电路认为应该由网络层来确保可靠通信，所以必须建立网络层的连接，建立虚链路后，每个分组使用短的虚链路号来进行数据传输，不需要每个分组标记终点地址。

● 一个虚电路的所有数据分组均按照统一路线进行传输。

● 当中间的某一节点出现故障后，虚电路就无法工作了。

● 传输时，按照顺序进行发送，接收端也按照顺序进行接收。

● 差错控制和流量控制可以由网络负责，也可以由上层协议负责。

### （2）数据报服务

如下图所示，与虚电路服务不同，数据报服务有以下特点：

● 网络层向上只提供简单灵活、无连接、尽最大努力交付的数据报服务。

● 每个分组都有独立的完整地址，每个分组独立选择路由进行转发。

● 网络在发送分组时不需要先建立连接。每一个分组独立发送，与其前后的分组无关（不进行编号）。

● 网络层不提供服务质量的承诺，即所传送的分组可能出错、丢失、重复和失序（不按序到达终点），当然也不保证分组传送的时限，所有可靠的通信由上层协议来保证。

● 当出现故障后，仅仅丢失部分分组数据，网络路由有所变化。

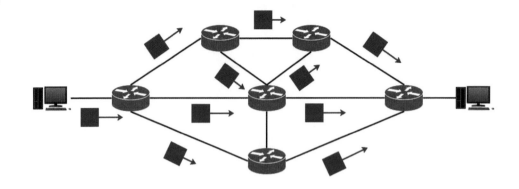

> **⚠注意事项 尽最大努力交付的作用**
>
> 在 TCP/IP 协议的定义中，网络层虽然提供主机到主机的传输服务，但这种服务并不可靠，而是通过传输层的 TCP 协议来实现。不考虑这些复杂的控制因素，就可以使网络中的路由器等网络设备做得比较简单（同时价格也很低廉）。简单的设计可以保证高效率、低故障率、运行方式灵活、可以适应多种应用，而差错处理、流量控制由传输层负责。因特网能够发展到今天的规模，充分证明了当初采用这种设计思路的正确性。

# ▶ 4.2 网际互联协议（IP）

IP协议是网络层的重要协议，也是TCP/IP协议的关键组成部分，属于核心协议。学习网络知识时必须要熟知IP协议的各种关键知识点。

## ▶ 4.2.1 IP协议简介

IP是Internet Protocol（网际互联协议）的缩写，是为终端在网络中相互连接进行通信而设计的协议，属于TCP/IP体系中的网络层协议。设计该协议的目的是提高网络的可扩展性：一是解决网络互联问题，实现大规模、异构网络的互联互通；二是分割顶层网络应用和底层网络技术之间的耦合关系，以利于两者的独立发展。根据端到端的设计原则，IP只为主机提供一种无连接、不可靠、尽力而为的数据报传输服务。

简单来说，网络中的网络通信设备，基本上都包括了网络层、数据链路层、物理层，也遵循每一层相应的通信协议，那么就可以确定它们之间能够互相通信。而实际上也是如此。不管其他上层协议如何，只需要这三层结构，数据包就可以在互联网中畅通无阻，这就是TCP/IP协议的魅力所在。

当然，IP协议仅仅是保证包能够到达，至于包的排序、纠错、流量控制等，在不同的体系中都有其对应的解决方案。互联网中的主要网络设备，也就是路由器，基本上就是这样工作的。

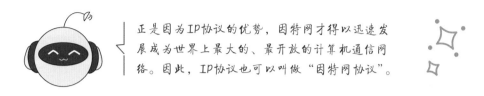

正是因为IP协议的优势，因特网才得以迅速发展成为世界上最大的、最开放的计算机通信网络。因此，IP协议也可以叫做"因特网协议"。

## ▶ 4.2.2 IP地址

IP地址是IP协议的一个重要的组成部分。IP地址是指互联网协议地址，又译为网际协议地址，是IP协议提供的一种统一的地址格式，它为互联网上的每一个网络和每一台主机分配一个逻辑地址，以此来屏蔽物理地址的差异。

通过不同的IP地址，标识了不同的目标，这样数据才能有目的地转发过去。就像每家的门牌号，只有知道对方的门牌号，信件才能发出去，邮局才能去送信，而对方才能拿到这封信。另外地址必须是唯一的，不然有可能送错。

### （1）IP地址格式

最常见的IP地址类型是IPv4地址，IPv4地址通常用32位的二进制进行表示，被"."分割成4段，每段包含8位的二进制数，每段1字节，共4字节。IP地址通常使用点分十进制的形式表示成a.b.c.d，如果表示成十进制，每段的取值范围是0～255（$2^8-1$）。比如常见的192.168.1.1，用点分十进制和二进制表示出来如下所示。

$$192 \quad . \quad 168 \quad . \quad 1 \quad . \quad 1$$
$$11000000.10101000.00000001.00000001$$

**❗注意事项 学习说明**
以下主要以 IPv4 地址为例向读者介绍 IP 地址的相关知识，如无特别的说明，IP 都是指 IPv4。

### （2）网络号和主机号

同MAC地址的前半部分标明生产厂商的作用类似，IP地址也通过人为划分网络号和主机号来合理利用IP地址。

① 网络号　网络号也叫做网络位，用来标明该IP地址所在的网络，在同一个网络或者说网络号中的主机是可以直接通信的，不同网络号的主机只有通过路由器寻址才能进行通信。

② 主机号　主机号也叫做主机位，用来标识出终端的主机地址号码。

网络位和主机位的关系就像以前的座机号码，010-12345678。其中010是区号，后面是某台座机的电话号码。网络号可以相同，但同一个网络中的主机号不允许重复。

网络号和主机号有什么样的关系？

## （3）IP地址的分类

Internet委员会定义了如下表所示的5种IP地址类型以适应不同容量、不同功能的网络，即A类到E类。

| A类地址 1~126 | 0 | 网络号（共8位） | | 主机号（24位） | | |
| --- | --- | --- | --- | --- | --- | --- |
| B类地址 128~191 | 1 | 0 | 网络号（共16位） | | 主机号（16位） | |
| C类地址 192~223 | 1 | 1 | 0 | 网络号（共24位） | | 主机号（8位） |
| D类地址 224~239 | 1 | 1 | 1 | 0 | 组播地址（共28位） | |
| E类地址 240~255 | 1 | 1 | 1 | 1 | 0 | 保留为将来使用 |

① A类地址 在IP地址的四段号码中，第一段号码（8位）为网络号码，剩下的三段号码（24位）为主机号码的组合叫做A类地址。A类网络地址数量较少，有$2^7-2=126$个网络可用，每个网络中，可用主机数达$2^{24}-2=16777214$台。

因为如果用二进制表示的话，可用网络地址和主机地址均不能全为0也不能全为1，所以要去掉这两种特殊的情况。A类的网络的第1个可用网络号为1.0.0.0，最后1个可用的网络号为126.0.0.0。

为什么要-2啊？

A类网络地址的最高位必须是"0"，但因为网络地址不能全为"0"也不能全为"1"。也就是说A类地址的网络地址范围为1～126，共126个网络。网络号不能为127，是因为该地址被保留用作回路及诊断地址，任何发送给127.×.×.×的数据都会被网卡传回到该主机，用于检测使用。

主机地址也不能全为0和全为1（11111111用十进制标识即为255），全为0代表该主机所属网络的网络号，而全为1代表该网络地址中所有主机，用于在该网络内发送广播包使用。如100.0.0.0，代表100这个网络，而100.255.255.255代表这个网络的广播地址，这个规则在其他类地址中也同样如此。所以，每个网络支持的最大主机数为$2^{24}-2=16777214$台。

② B类地址　B类地址在IP地址的四段号码中，前两段号码为网络号码。如果用二进制表示IP地址的话，B类IP地址就由2字节的网络地址和2字节主机地址组成，网络地址的最高位必须是"10"。B类IP地址中网络位长度为16位，主机位的长度为16位。B类网络地址介于128～191之间，第1个可用网络号为128.1.0.0，最后1个可用的网络号为191.255.0.0。

B类网络地址适用于中等规模的网络，有$2^{14}-2=16382$个网络可用，每个网络可用的计算机数为$2^{16}-2=65534$台。

**① 注意事项 B 类地址中的保留地址**

在 B 类地址中，其实还有个特殊的网络段"169.254.0.0"，也是不能被使用的。该网络段是在 DHCP 发生故障或响应时间太长而超出了一个系统规定的时间时，系统会自动分配这样一个地址。如果发现主机 IP 地址是一个这样的地址，该主机的网络大都不能正常运行。

③ C类地址　C类地址在IP地址的四段号码中，前三段号码为网络号码，剩下的一段号码为本地计算机的号码。如果用二进制表示IP地址的话，C类IP地址就由3字节的网络地址和1字节主机地址组成，网络地址的最高位必须是"110"。C类网络地址取值介于192～223之间，C类IP地址中网络的标识长度为24位，主机标识的长度为8位，C类网络地址数量较多，有209万余个可用网络。适用于小规模的局域网络，每个网络最多只能包含$2^{8}-2=254$台计算机。C类的网络的第1个可用网络号为192.0.1.0，最后1个可用的网络号为223.255.254.0。

④ D类地址　D类IP地址不分网络号和主机号，在历史上被叫做多播地址（multicast address），即组播地址。在以太网中，多播地址命名了一组应该在这个网络中应用接收到一个分组的站点。多播地址的最高位必须是"1110"，范围从224～239。

⑤ E类地址　E类地址为保留地址，也可以用于实验使用，但不能分为主机，E类地址以"11110"开头，范围从240～255。

## （4）公网IP与保留地址

如果网络设备需要进行通信，那么每个联网的设备都可以获取到一个正常的、可以通信的IP地址（A～C类），这种IP就叫做公网IP，或者外网IP。但是，由于网络的发展，需要联网的设备越来越多，所需的IP已经不是IPv4地址池所能满足的。为了实现如家庭、企业、校园等需要大量IP地址的网络要求，Internet地址授权机构IANA将A、B、C类地址中挑选的一部分保留作为内部网络地址使用。保留地址也叫做私有地址、内网地址或者专用地址，也就是常说的内网IP地址。它们不会在全球使用，只具有本地意义。保留IP的地址范围如下：

- A类：10.0.0.0～10.255.255.255以及100.64.0.0～100.127.255.255。
- B类：172.16.0.0～172.31.255.255。
- C类：192.168.0.0～192.168.255.255。

知识拓展

## 保留地址的转化

在局域网中所使用的地址基本都是保留地址，比较常见的如192.168.0.0或192.168.1.0网络，基本上能够满足绝大多数局域网的通信需求。而在网络出口的路由器上，通过拨号可能会租借到临时使用的公网IP地址。路由器会通过NAT技术，将内网的访问请求进行转化，并将转化记录下来。通过公网IP进行通信，并将返回的数据转交给内网的设备，以此来进行通信。这种转换对用户来说是无感的。这也是每个局域网中都有相同内网IP地址，却可以进行通信的原因，所以这个内网IP只具有本地意义，只能通过转换后才能与互联网上的其他设备通信。

因为IP地址不足的关系，有些运营商会将某些用户的局域网再次加入运营商设计的虚拟局域网中，赋予用户局域网出口一个内网IP，然后再次使用NAT技术进行二次转换。所以在用户出口处所获取的并不一定是公网IP。

为什么拨号后是"可能"获取到公网IP？

## （5）网络号与广播地址

网络号也叫做网络地址，标识了某网段所在的网络，当某网络的网络地址中主机号全为0，网络地址代表着该网段的网络，如192.168.1.0/24（/24是子网掩码，代表前24位是网络地址），代表192.168.1.0这个网络。其中的主机地址从192.168.1.1～192.168.1.254。

广播地址通常称为直接广播地址，是为了区分受限广播地址。广播地址与网络地址的主机号正好相反，广播地址中，主机号全为1。如192.168.1.255/24代表

192.168.1.0这个网络中的所有主机。当向该网络的广播地址发送消息时，该网络内的所有主机都能收到该广播消息。

如下图所示，由于网络号以及该网络号中广播地址的存在，当路由器某一接口的网络有广播时，只有该网段的所有主机能够听得到，所以称这个网络的所有主机都在一个广播域中。其他网络并不需要，也不可能接收到该广播信号。

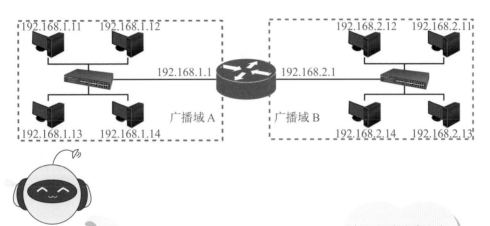

这和交换机发送广播帧，所有的端口都能听到是不同的。因为路由器本身就处在两个网络的交界处，由于IP地址通信的原理和路由器本身的功能，除非跨网段寻找目的明确（目标IP）的主机，否则路由器是不转发这种包的，所以路由器可以分割广播域就是这么来的。

咦，这种转发方式，难道不能转发广播包吗？数据链路层是可以的啊。

## ▶ 4.2.3 子网掩码与子网划分

联网的两台设备在获取了IP地址后，并不是直接通信，而是首先需要判断两者是否在同一个网络或者说网段中。如果在，那么就可以直接通信。而如果不是在同一个网络中，就需要路由设备根据两者所在的网络，并按照路由表中的转发规则，计算并判断出最优路径，然后将数据转发出去。这里判断IP地址所在的网络，就需要使用子网掩码了。

随着互联网应用的不断扩大，原先的IPv4的弊端也逐渐暴露出来，即网络号占位太多，而主机号位太少，所以能提供的主机地址也越来越稀缺，目前除了使用路由NAT功能，在企业内部网络使用私有地址的形式进行上网外，还可以通过对一个高类别的IP地址进行再划分，以形成多个子网，提供给不同规模的用户群使用。

这样做会浪费一部分IP地址，因为要作为网络号与广播地址使用，会使每个子网上的实际可用主机地址数目比原先减少。

这种再次划分有什么缺点呢？

### （1）子网掩码格式

子网掩码的形式类似于IP地址，也是一个32位二进制数字，它的网络部分全部为1，主机部分全部为0，比如下表中IP地址192.168.1.1，如果已知网络部分是前24位，主机部分是后8位，那么子网络掩码就是11111111.11111111.11111111.00000000，写成十进制就是255.255.255.0。有时也会用"IP/网络位位数"的格式，如192.168.1.201/24，表示有24位的网络位。

| 类型 | 号码 | 网络位 | | | 主机位 |
| --- | --- | --- | --- | --- | --- |
| IP地址 | 192.168.1.1 | 11000000 | 10101000 | 00000001 | 00000001 |
| 子网掩码 | 255.255.255.0 | 11111111 | 11111111 | 11111111 | 00000000 |

### （2）网络号的计算

如果知道了IP地址和子网掩码，就可以计算出网络号。通过网络号是否一致，判断是否在同一网络中。

计算方法就是将两个IP地址与其对应的子网掩码分别进行"与"运算，然后比较结果是否相同，如果是的话，就表明它们在同一个子网络，否则就不是。

知识拓展  "与"运算

两个数位都为1，运算结果为1，否则为0。

比如下表中已知B类地址为190.200.15.1，那么它的网络号就可以直接进行计算了。因为隐藏的一个参数，即B类地址的子网掩码为255.255.0.0。将IP地址和子网掩码都转换成二进制并进行"与"运算，最后得到的网络号为190.200.0.0。

| 类型 | 号码 | 网络位 | | | 主机位 |
| --- | --- | --- | --- | --- | --- |
| IP地址 | 190.200.15.1 | 10111110 | 11001000 | 00001111 | 00000001 |
| 子网掩码 | 255.255.0.0 | 11111111 | 11111111 | 00000000 | 00000000 |
| "与"运算 | 190.200.0.0 | 10111110 | 11001000 | 00000000 | 00000000 |

### （3）按要求划分子网

在企业中，有时会需要网络管理员进行网络地址的分配。如果获得的网络地址段需要按照部门进行划分，或者为了提高IP地址的使用率，可以通过人工设置子网掩码的方法将一个网络划分成多个子网。

如公司提供了C类地址192.168.100.0/24，并说需要分给5个不同的部门使用，每个部门大概有30台计算机。那么该如何划定这5个网络呢？

这里需要一个概念就是"借位"。如果有24位网络位，那么有8位主机位。分给5个部门使用，那么需要在8位中借出可供5个部门使用的网络号。因为$2^2=4<5$，$2^3=8>5$，那么就需要从8位主机位中借出3位作为网络位。那么剩下的5位，每个子网可以存在$2^5-2=30$台主机。满足要求。该网络的网络号就变成27位，也就是有27位的网络号。子网掩码就是11111111. 11111111. 11111111. 11100000即255.255.255.224。那么划分的这8个范围的信息，表示起来就是192.168.100.X/27，如下表所示。

| 子网 | | | | 子网网络号 | 主机地址 | 广播地址 |
|---|---|---|---|---|---|---|
| 11000000 | 10101000 | 00001010 | 000 00000 | 192.168.100.0 | 1～30 | 31 |
| 11000000 | 10101000 | 00001010 | 001 00000 | 192.168.100.32 | 33～62 | 63 |
| 11000000 | 10101000 | 00001010 | 010 00000 | 192.168.100.64 | 65～94 | 95 |
| 11000000 | 10101000 | 00001010 | 011 00000 | 192.168.100.96 | 97～126 | 127 |
| 11000000 | 10101000 | 00001010 | 100 00000 | 192.168.100.128 | 129～158 | 159 |
| 11000000 | 10101000 | 00001010 | 101 00000 | 192.168.100.160 | 161～190 | 191 |
| 11000000 | 10101000 | 00001010 | 110 00000 | 192.168.100.192 | 193～222 | 223 |
| 11000000 | 10101000 | 00001010 | 111 00000 | 192.168.100.224 | 225～254 | 255 |

按照该种方法，划分出8个子网，其中5个使用，3个留着当备份。因为划分为不同的子网后，网络号是不同的。按照之前讲解的，子网之间的通信需要使用路由器，否则是无法通信的。

> **⚠注意事项** 划分注意事项
>
> 在计算子网掩码时，要注意IP地址中的特殊地址，即"0"地址和广播地址，它们是指主机地址或网络地址全为"0"或"1"时的IP地址，它们代表着本网络地址和广播地址，一般是不能被计算在内的。

# ▶ 4.2.4 IPv4数据报

网络层传输的是数据报，在传输前按照相关的格式将传输层的数据变成网络层的数据报文，IPv4的数据报的位置及格式如下所述。

## （1）IP数据报的位置

IP数据报在模型中的位置和结构如下图所示。

从图中可以看到，应用层到达传输层后，封装了TCP/UDP首部，然后变成TCP报文后传到网络层，封装了IP地址后，变成IP报文，传入数据链路层，封装了MAC地址和FCS后，进入物理层，开始传输。

## （2）IP数据报的结构

IP数据报的结构如下图所示。

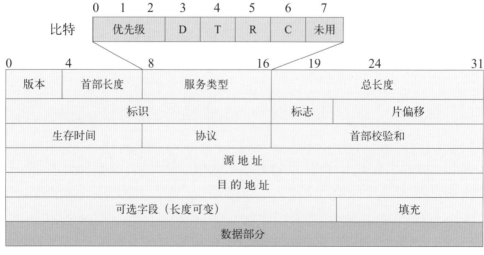

一个IP数据报由首部和数据两部分组成。首部的前一部分是固定长度，共20字节，是所有IP数据报必须具有的。在首部的固定部分的后面是一些可选字段和控制报文长度的填充。

① 版本：占4位，指IP协议的版本，目前的IP协议版本号为4（即IPv4）。

② 首部长度：占4位，可表示的最大数值是15个单位（一个单位为4字节）。因此IP的首部长度的最大值是60字节。

③ 服务类型：占8位，用来获得更好的服务在旧标准中叫做服务类型，但实际上一直未被使用过。

④ 总长度：占16位，指首部和数据之和的长度，单位为字节，因此数据报的最大长度为65535字节。总长度必须不超过最大传送单元MTU。

⑤ 标识：占16位，它是一个计数器，用来产生数据报的标识。

⑥ 标志：占3位，目前只有前两位有意义。标志字段的最低位是MF（more fragment）。MF1表示后面"还有分片"。MF0表示最后一个分片。标志字段中间的一位是DF（don't fragment）。只有当DF=0时才允许分片。

⑦ 片偏移：片偏移（12位）指出较长的分组在分片后某片在原分组中的相对位置。片偏移以8个字节为偏移单位。

⑧ 生存时间：生存时间（8位）记为TTL（time to live），数据报在网络中可通过的路由器数的最大值。

⑨ 协议：协议（8位）字段指出此数据报携带的数据使用何种协议，以便目的主机的IP层将数据部分上交给哪个处理过程。比如网络层的ICMP、IGMP、OSPF等本层的协议，或者传输层的TCP还是UDP协议。

⑩ 首部检验和（16位）字段只检验数据报的首部不检验数据部分。这里不采用CRC检验码而采用简单的计算方法。

⑪ 源地址和目的地址：各占4字节，记录了发送源的IP地址以及到达目标的IP地址。

⑫ 可选字段：IP首部的可选字段就是一个选项字段，用来支持排错、测量以及安全等措施，内容很丰富。可选字段的长度可变，从1到40个字节不等，取决于所选择的项目。增加首部的可选字段是为了增加IP数据报的功能，但这同时也使得IP数据报的首部长度成为可变的。这就增加了每一个路由器处理数据报的开销。实际上这些选项很少被使用。

## （3）IP分片

IP协议在传输数据时会将数据报文分成若干片进行传输，并在目标系统中进行重组。这个过程就称为分片。如果IP数据报加上数据帧头部后大于MTU，数据报文就会分成若干片进行传输。那么什么是MTU呢？每一种物理网络都会规定链路层数据帧的最大长度，称为链路层MTU。在以太网的环境中可传输的最大IP报文为1500字节（帧的长度）。如果要传输的数据帧的大小超过1500字节，即IP数据报的长度大于1472（1500-20-8=1472，其中的8表示UDP首部为8字节，普通数据报）字节，需要分片之后进行传输，如下图所示。

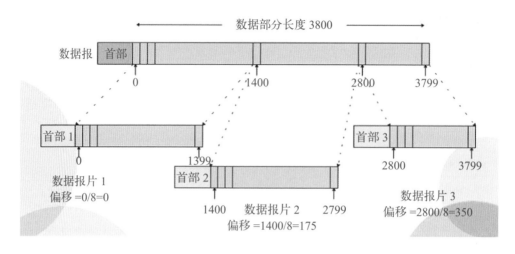

## ▶ 4.2.5 IPv6协议

IPv6（internet protocol version 6，互联网协议第6版）是比较新的互联网协议，也可以说是下一代互联网的协议。随着互联网的迅速发展，IPv4定义的有限地址空间已被耗尽，而地址空间的不足必将妨碍互联网的进一步发展。为了扩大地址空间，拟通过IPv6以重新定义地址空间。

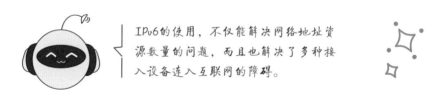

IPv6的使用，不仅能解决网络地址资源数量的问题，而且也解决了多种接入设备连入互联网的障碍。

### （1）IPv6的优势

IPv4采用32位地址长度，只有大约43亿个地址，而IPv6采用128位地址长度，几乎可以不受限制地提供地址。按保守方法估算IPv6实际可分配的地址，整个地球的每平方米面积上可分配1000多个地址。在IPv6的设计过程中除解决了地址短缺问题以外，还考虑了性能的优化：端到端IP连接、服务质量（QoS）、安全性、多播、移动性、即插即用等。与IPv4相比，除了可分配IP地址增加以外，IPv6协议在其他方面也进行了优化和突破：

- **提高了网络的整体吞吐量。** 由于IPv6的数据包可以远远超过64千字节，应用程序可以利用最大传输单元（MTU），获得更快、更可靠的数据传输，同时在设计上改进了选路结构，采用简化的报头定长结构和更合理的分段方法，使路由器加快数据包处理速度，提高了转发效率，从而提高网络的整体吞吐量。

- **使得整个服务质量得到很大改善**。报头中的业务级别和流标记通过路由器的配置可以实现优先级控制和QoS保障。
- **安全性有了更好的保证**。采用IPSec可以为上层协议和应用提供有效的端到端安全保证，能提高在路由器水平上的安全性。
- **支持即插即用和移动性**。设备接入网络时通过自动配置可自动获取IP地址和必要的参数，实现即插即用，简化了网络管理，易于支持移动节点。
- **更好地实现了多播功能**。在IPv6的多播功能中增加了"范围"和"标志"，限定了路由范围和可以区分永久性与临时性地址，更有利于多播功能的实现。

## （2）IPv6地址格式

IPv6的地址长度为128位，是IPv4地址长度的4倍。于是IPv4点分十进制格式不再适用，而是采用十六进制表示。IPv6有3种表示方法。

① 冒分十六进制表示法　格式为X:X:X:X:X:X:X:X，其中每个X表示地址中的16位，以十六进制表示，例如：ABCD:EF01:2345:6789:ABCD:EF01:2345:6789。

**知识拓展**　　　　**前导的省略**

这种表示法中，每个X的前导0是可以省略的，例如2001:0DB8:0000:0023:0008:0800:200C:417A可表示为2001:DB8:0:23:8:800:200C:417A。

② 0位压缩表示法　在某些情况下，一个IPv6地址中间可能包含很长的一段0，可以把连续的一段0压缩为"::"。但为保证地址解析的唯一性，地址中"::"只能出现一次，例如FF01:0:0:0:0:0:0:1101表示为FF01::1101、0:0:0:0:0:0:0:1表示为::1。

③ 内嵌IPv4地址表示法　为了实现IPv4到IPv6的互通，IPv4地址会嵌入IPv6地址中，此时地址常表示为X:X:X:X:X:X:d.d.d.d，前96位采用冒分十六进制表示，而最后32位地址则使用IPv4的点分十进制表示，例如::192.168.0.1与::FFFF:192.168.0.1就是两个典型的例子。

注意在前96位中，压缩0位的方法依旧适用。

### （3）IPv6的过渡

IPv6不可能立刻替代IPv4，因此在相当一段时间内IPv4和IPv6会共存在一个环境中。要提供平稳的转换过程，使得对现有的使用者影响最小，就需要有良好的转换机制。这个议题是IETF工作小组的主要目标，有许多转换机制被提出。IETF推荐了双协议栈、隧道技术以及网络地址转换等转换机制。

① IPv6/IPv4双协议栈技术　双栈机制就是使IPv6网络节点具有一个IPv4栈和一个IPv6栈，同时支持IPv4和IPv6协议。IPv6和IPv4是功能相近的网络层协议，两者都应用于相同的物理平台，并承载相同的传输层协议TCP或UDP，如果一台主机同时支持IPv6和IPv4协议，那么该主机就可以和仅支持IPv4或IPv6协议的主机通信。

② 隧道技术　隧道技术就是必要时将IPv6数据包作为数据封装在IPv4数据包里，使IPv6数据包能在已有的IPv4基础设施（主要是指IPv4路由器）上传输的机制。随着IPv6的发展，出现了一些运行IPv4协议的骨干网络隔离开的局部IPv6网络，为了实现这些IPv6网络之间的通信，必须采用隧道技术。隧道对于源站点和目的站点是透明的，在隧道的入口处，路由器将IPv6的数据分组封装在IPv4中，该IPv4分组的源地址和目的地址分别是隧道入口和出口的IPv4地址，在隧道出口处，再将IPv6分组取出转发给目的站点。隧道技术的优点在于隧道的透明性，IPv6主机之间的通信可以忽略隧道的存在，隧道只起到物理通道的作用。

隧道技术在IPv4向IPv6演进的初期应用非常广泛。但是，隧道技术不能实现IPv4主机和IPv6主机之间的通信。

③ 网络地址转换技术　网络地址转换（network address translator，NAT）技术是将IPv4地址和IPv6地址分别看作内部地址和全局地址，或者相反。例如，内部的IPv4主机要和外部的IPv6主机通信时，在NAT服务器中将IPv4地址（相当于内部地址）变换成IPv6地址（相当于全局地址），服务器维护一个IPv4与IPv6地址的映射表。反之，当内部的IPv6主机和外部的IPv4主机进行通信时，则IPv6主机映射成内部地址，IPv4主机映射成全局地址。NAT技术可以解决IPv4主机和IPv6主机之间的互通问题。

## ▶ 4.3 路由

寻找合适的路径并将数据准确地交付到目标设备就是路由，这也是网络层的主要作用之一。下面就将向读者介绍路由的相关知识。

# ▶4.3.1 路由原理

在网络层实现路由功能的网络设备就是路由器。关于路由器的参数等，将在介绍设备时进行介绍，下面首先介绍路由的过程。

其实只要支持路由协议的设备都可以进行路由，不过使用较多的就是路由器，其他常见的还有三层交换、防火墙，甚至一些功能主机、服务器只要安装了对应的协议都可以实现。

只有路由器能进行路由吗？

## （1）寻找路径

路由器在加入到网络中后，会自动定期同其他路由器进行通信，将自己连接的网络信息发送给其他路由器，并接收到其他路由器的网络宣告包，经过计算后形成最优路由表。在收到数据并进行处理后，按照最优路径将数据转发出去，如下图所示。

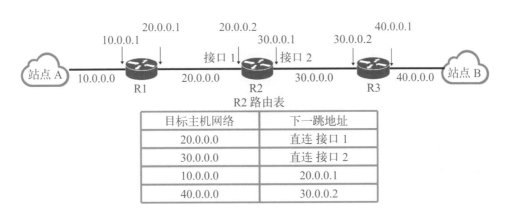

R2 路由表

| 目标主机网络 | 下一跳地址 |
| --- | --- |
| 20.0.0.0 | 直连 接口 1 |
| 30.0.0.0 | 直连 接口 2 |
| 10.0.0.0 | 20.0.0.1 |
| 40.0.0.0 | 30.0.0.2 |

站点A要与站点B通信，站点A会将数据发送给其默认路由器R1。R1从10.0.0.0网络中接收到数据包后，会首先拆包并查看目的IP地址，并检查自己的路由表。如果是在10.0.0.0网段中，则不会进行转发（隔绝了不必要的转发）。如果目标是20.0.0.0网段，会从接口2直接发出，交给目标设备。如果目的地址是30.0.0.0或者40.0.0.0网段，则检查路由表，通过对应的下一跳地址或者接口将数据包发送出去。如果没有到达目的网络的路由项，则查看是否有默认路由，本例会将包发给默认路由R2即可。R2在收到数据包后，同样会检查路由表，发现目标网络为40.0.0.0，其下一跳为30.0.0.2（在路由器上也可记为"接口2"），然后将数据包通过对应的接口2发送出去。R3在收到数据包后，检查发现目标为40.0.0.0网络，其直连接口就有该网络，直

接通过该接口将数据包发出即可。最终站点B就会收到该数据包，两站点的通信就完成了，反之也一样。

## （2）地址转换

IP数据报的首部中没有地方可以用来指明"下一跳路由器的IP地址"的地方。当路由器收到待转发的数据报，不是将下一跳路由器的IP地址填入IP数据报，而是将下一跳的地址送交给网络接口软件。网络接口软件使用ARP协议，将下一跳路由器的IP地址转换成硬件地址。数据链路层将此硬件地址放在MAC帧的首部，然后根据这个硬件地址找到下一跳路由器。

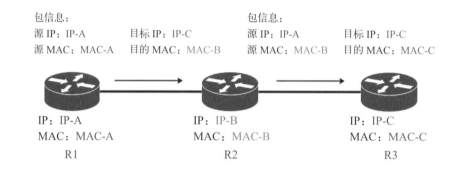

包信息：
源IP：IP-A　　　　目标IP：IP-C
源MAC：MAC-A　　目的MAC：MAC-B

包信息：
源IP：IP-A　　　　目标IP：IP-C
源MAC：MAC-B　　目的MAC：MAC-C

IP：IP-A　　　　　IP：IP-B　　　　　IP：IP-C
MAC：MAC-A　　　MAC：MAC-B　　　MAC：MAC-C
R1　　　　　　　　R2　　　　　　　　R3

可以从上图看出几个关键信息，比如源IP地址和目标IP地址是始终不变的。这是因为数据包在进行转发时，每个路由器都要查看目标IP地址，然后根据目标IP的网络，来决定转发策略。

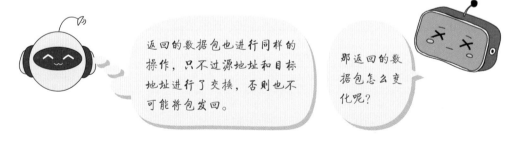

返回的数据包也进行同样的操作，只不过源地址和目标地址进行了交换，否则也不可能将包发回。

那返回的数据包怎么变化呢？

而MAC地址是随着设备的跨越不断改变，通过下一跳的IP地址解析出对应的MAC地址，然后将包发送给直连的设备。路由器的数据链路层进行封包时，将MAC地址重写，然后进行发送。注意，此时的MAC地址并不是最终目标的，而是下一跳的。

> **❗注意事项** 直连与端到端
> 所以通过上面的例子也能说明，MAC 地址是直连的网络才可以使用，是负责直连的点到点的传输。而 IP 地址，是可以跨设备，是端到端、主机到主机的数据传输。

## ▶ 4.3.2 路由表

路由表中记录了路由器的路由信息，表的构造和MAC地址表的构造类似，但是针对的是IP地址。下面介绍路由表的相关知识。

### （1）路由表的作用

在路由表中，记录了该路由表所同步和识别到的网络，以及到达该网络的下一跳的地址或接口信息。

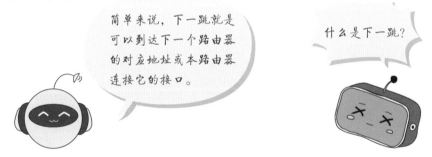

当数据的目的地址是非直连的其他网络，路由器会通过下一跳地址，将数据包从对应的端口发送出去，这样，就能到达下一个路由器，再通过下一个路由器到达目的网络或者再次中转。

### （2）路由表项

根据不同设备、不同品牌，路由表有不同的查看方式，比如思科企业级路由器，查看命令为"show ip route"，如右图所示。

可以看到其中有网络地址，也有主机地址，以及端口Ethernet0/X。在路由项的前方，C代表直连，L代表本地地址，/32代表了本机的端口IP地址。这里有些是/30的，用户可以计算，其实并不代表主机，而是代表了一个网络。该路由表并没有进行收敛。还有O、R等代表了通过OSFP协议以及RIP协议获取到的路由路径。S代表静态路由。

Windows系统的计算机如果要查看路由表，可以在命令提示符界面中，使用命令"route print"，如下图所示。

这里就更加直观了，从表中可以看到几个接口网卡信息和MAC地址。在IPv4路由表中，可以看到目标网络，其子网掩码、网关、接口以及跃点数。其中，接口下是到达该目标网络时，将包从那个接口发出。127开头的地址代表本地回环地址，可以忽略。192.168.0.0/24属于网络地址，192.168.0.113/32代表主机地址，192.168.0.255/32代表广播地址，都将包发给接口113。其中还有默认路由，也就是找不到路由条目的地址，都从113网卡的接口发出，该接口其实连接的就是路由器。至于跃点数，它代表了优先级。

跃点数越小，说明优先级越高，通过优先级，还可以设置负载均衡或者主机连接了2个路由器时，数据包该怎么走。

跃点数怎么决定转发的顺序？

### ▶ 4.3.3  路由分类

按照路由的模式，可以将路由分为以下几种。

#### （1）静态路由

静态路由是指用户或网络管理员手工配置的路由信息。当网络拓扑结构或链路状态发生改变时，静态路由不会改变。简单来说，就是用户来决定路由该怎么走。

与动态路由协议相比，静态路由无需频繁地交换各自的路由表，配置简单，比较适合小型、简单的网络环境，但不适合大型和复杂的网络环境，因为当网络拓扑结构和链路状态发生改变时，网络管理员需要重新编写静态路由表，工作量繁重，而且无法感知错误发生，不易排错。

静态路由的优缺点有哪些？

### （2）默认路由

默认路由是一种特殊的静态路由，当路由表中与数据包目的地址没有匹配的表项时，数据包将根据默认路由条目，将数据包发送给默认路由，由默认路由决定转发策略并进行转发。默认路由在某些时候是非常有效的，例如在末梢网络中，默认路由可以大大简化路由器的配置，减轻网络管理员的工作负担。

### （3）动态路由

动态路由可以自动进行路由表的构建。路由器首先要获得全网的拓扑，其中包含了所有的路由器和路由器之间的链路信息。拓扑就相当于地图，路由器在这个拓扑中计算出到达目的地（目的网络地址）的最优路径。

路由器使用动态路由协议从其他路由器那里获取路由。当网络拓扑发生变化时，路由器会更新路由信息。根据路由协议自动发现新路由，同时修改路由，这期间无需人工参与，大大简化了管理员的工作量。

知识拓展

### 动态路由的局限性

动态路由在进行路由信息的传递和汇总计算时会占据一定的网络资源，过于复杂的网络，所需要的开销更大，并且维护和排错时，相对静态路由来说较复杂。

## ▶ 4.4　网络层主要设备

常见的网络层设备包括了路由器、三层交换以及防火墙等。在一些大中型企业的局域网中，还会科学地划分成更多小型网络，并使用功能更多的企业级别的路由器和三层交换在网络之间进行路由，还可以使用防火墙进行网络安全的管理，并且能够帮助企业将内部的服务器发布到互联网中。下面详细介绍网络层的主要设备及其功能。

## ▶4.4.1 路由器

　　路由器又称为网关，是网络层核心的设备，常见的家用路由器如下左图所示，企业使用的企业级路由器如下右图所示。路由器是互联网的枢纽设备，是连接因特网中局域网、广域网所必不可少的。它会根据网络的情况自动选择和设定路由表，以最佳路径按顺序发送数据包。

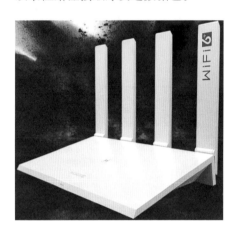 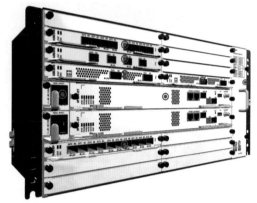

### （1）路由器的作用

　　前面介绍的网络层的主要功能，包括选路、转发数据包、连接异构网络等，基本上都要靠路由器来实现。在此将对路由器的主要作用进行介绍：

　　① 共享上网　这是家庭及小型企业最常使用的功能。局域网的计算机及其他终端设备通过路由器连接Internet，如下图所示。

## 知识拓展

## PPPoE

PPPoE（point-to-point protocol over ethernet），以太网上的点对点协议，是将点对点协议（PPP）封装在以太网（ethernet）框架中的一种网络隧道协议。由于协议中集成PPP协议，所以实现了传统以太网不能提供的身份验证、加密以及压缩等功能，也可用于缆线调制解调器和数字用户线路等以以太网协议向用户提供接入服务的协议体系。日常家庭路由器在接入互联网时，会提示选择网络接入方式，大部分都使用该协议。

② 连接不同类型网络　所谓的不同类型网络，指的是在互联网上，除了以太网以外，还有在网络层使用其他不同协议的网络。而路由器就是在这些不同网络之间起到连接并传输数据的作用。

另外在局域网中，不同网络也指不同网段的网络。划分不同网段，可以隔绝广播域，提高网络的利用率，防止广播风暴。而不同网段之间如果需要进行通信，则需要路由器。当然，三层交换也可以起到该作用。

③ 路由选择　路由器可以自动同步并学习到网络的逻辑拓扑情况，经过计算后，形成最优路由表。当数据到达路由器后，根据目的地址，结合路由表，决定最终的数据转发到的网络接口，也就是下一网络设备。

④ 流量控制　在转发时进行计算，通过流量控制，避免传输数据的拥挤和阻塞。

⑤ 过滤和隔离　路由器可以隔离广播域，过滤掉广播包，减少广播风暴对整个网络的影响。

⑥ 分段和组装　网络传输的数据分组大小可以不同，需要路由器对数据分组进行分段或重新组装。

⑦ 网络管理　家庭和小型企业用户使用小型路由器共享上网，可以在路由器上进行网络管理功能，比如设置无线信道、名称、密码、速率、DHCP功能，还可进行ARP绑定、限速、限制联网等。

大中型企业中，可以通过路由器管理功能，对设备进行监控和管理，包括各种限制功能、VPN、远程访问、NAT功能、DMZ功能、端口转发规则等等。所有这些是为了提高网络运行效率、网络的可靠性和可维护性。

大中型企业的网络管理有什么内容？

### （2）路由器的分类

按照应用范围，路由器可以分为以下三种：

① 接入级路由器　接入级路由器连接家庭或小型企业客户。接入路由器不只是提供SLIP或PPP连接，还支持诸如PPTP和IPSec等虚拟私有网络协议。这些协议要能在每个端口上运行。接入路由器将来会支持许多异构和高速端口，并在各个端口能够运行多种协议。

知识拓展

**PPTP**

PPTP（point to point tunneling protocol）即点对点隧道协议。该协议是在PPP协议的基础上开发的一种新的增强型安全协议，支持多协议虚拟专用网（VPN），可以通过密码验证协议（PAP）、可扩展认证协议（EAP）等方法增强安全性。

② 企业级路由器　企业或校园级路由器要服务许多终端系统，其主要目标是以尽量便宜的方法实现尽可能多的端点互连，并且进一步要求支持不同的服务质量。企业级路由器还支持一定的服务等级，至少允许分成多个优先级别。另外还要求企业级路由器有效地支持广播和组播。企业网络还要处理历史遗留的各种LAN技术，支持多种协议，包括IP、IPX和Vine。它们还要支持防火墙、包过滤以及大量的管理和安全策略以及VLAN。

③ 骨干级路由器　骨干级路由器实现企业级网络的互联。对它的要求是速度和可靠性，而代价则处于次要地位。硬件可靠性可以采用热备份、双电源、双数据通路等来获得。骨干IP路由器的主要性能瓶颈是在转发表中查找某个路由所耗的时间。当收到一个包时，输入端口在转发表中查找该包的目的地址以确定其目的端口，当包要发往许多目的端口时，势必增加路由查找的代价。因此，将一些常访问的目的端口放到缓存中能够提高路由查找的效率。不管是输入缓冲还是输出缓冲路由器，都存在路由查找的瓶颈问题。

## ▶4.4.2　三层交换机

三层交换机的目的是加快大型局域网内部的数据交换，能够做到一次路由，多次转发。对于数据包转发等规律性的过程由硬件高速实现，而像路由信息更新、路由表维护、路由计算、路由确定等功能，由软件实现。三层交换技术简单来说就是二层交换技术+三层转发技术。传统交换技术是在数据链路层实现的，而三层交换技术实现了在二层交换的基础上进行跨网络的数据包的高速转发。

A主机在进行网络通信时如果发现目标主机B与自己不是同一网段的，就会将数据包交给路由器转发，此时的路由器就是三层交换对应第三层路由模块，在查询路由表后，确定到达B的路由。并通过一定的识别触发机制，确立主机A与B的IP地址与MAC地址及转发端口的对应关系，并记录成表后进行转发。以后的A到B的数据，就直接交由二层交换模块完成，不再经过第三路由系统处理，从而消除了路由选择时造成的网络延迟，提高了数据包的转发效率，解决了网间传输信息时路由产生的速率瓶颈。这就是通常所说的一次路由多次交换。

三层交换机的交换方案，实际上是一个能够支持多层次动态集成的解决方案，虽然这种功能在某些程度上也能由传统路由器和第二层交换机搭载完成，但这种方案不仅需要更多的设备配置、占用更大的空间、设计更多的布线和花费更高的成本，而且数据传输性能也要差得多。

为什么不直接使用路由器+交换机的模式呢？

常见的三层交换机，主要应用在网络核心中，用于连接其下不同的虚拟局域网、不同的分组之间的通信，主要优势有高可扩充性、高性价比、内置安全机制、支持多媒体传输、支持计费功能等，如下图所示。

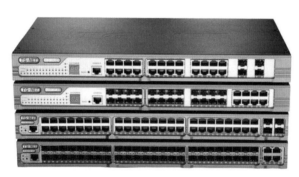

## ▶ 4.4.3 防火墙

常见的硬件防火墙如下图所示，是一种位于内部网络与外部网络之间的网络安全审查隔离系统，可以依照特定的规则允许或是限制数据的通过。

## （1）防火墙主要类型

因为防火墙根据不同的设计，有针对不同层次的防御，所以在网络层、传输层以及应用层都可以使用。

① 包过滤型　在网络层与传输层中，可以基于数据包的源头、目的地址以及协议类型等特征进行识别，最终确定是否可以通过。而一些不符合安全策略的数据包则会被防火墙过滤、阻挡。

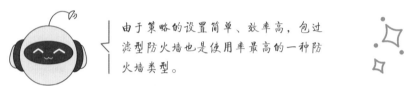

由于策略的设置简单、效率高，包过滤型防火墙也是使用率最高的一种防火墙类型。

② 应用代理型防火墙　应用代理防火墙主要应用在OSI的最高层——应用层之上。其主要的特征是可以完全隔离网络通信流，通过特定代理程序就可以实现对应用层的监督与控制。

③ 复合型防火墙　综合了包过滤防火墙技术以及应用代理防火墙技术的优点，例如：发过来的安全策略是包过滤策略，就可以针对地址和协议进行访问控制；如果安全策略是代理策略，就可以针对数据内容数据进行访问控制，提高了防火墙技术的灵活性和安全性。

## （2）防火墙主要作用

结合防火墙的功能和实现原理，防火墙的主要作用如下：

① 网络安全保障　在局域网出口上使用防火墙，能极大地提高内部网络的安全性，并通过过滤不安全的数据包而降低风险。

② 强化网络安全策略　可以构建以防火墙为中心的安全配置方案，将所有安全验证工具（如口令、加密、身份认证、审计等）配置在防火墙上。与将网络安全问题分散到各个主机上相比，防火墙的集中安全管理非常经济。

③ 监控审计　如果所有的访问都经过防火墙，那么防火墙就能记录下这些访问数据。可以使用安全分析软件对访问进行分类、汇总、统计，为安全决策提供数据依据。

④ 防止内部信息的泄漏　利用防火墙对内部网络的划分，可实现内部网重点网段的隔离和保护，同时减少重点区域的安全问题对全局网络造成的影响。

⑤ 高级网络功能　和路由器类似，防火墙也可以提供NAT服务和VPN服务。

# ▶ 4.5 网络层主要的协议

因为网络层的重要地位，在网络层中所使用的协议比较多，主要都与IP协议的IP

地址相关。下面介绍一些网络层主要的协议及其作用。

## ▶4.5.1 ARP协议

ARP（address resolution protocol，地址解析协议）的功能就是将IP地址解析成MAC地址。因为不管网络层使用的是什么协议，在实际网络的链路上传送数据帧时，节点到节点的传输，最终必须使用硬件MAC地址。

每台可以通信的网络设备，都会有一个ARP缓存表，用来存放最近在局域网上的设备和路由器等IP地址以及对应的MAC地址。读者可以在电脑上，使用"arp -a"查看当前的arp表，如下左图所示。当主机A欲向主机B发送IP数据报时，就先在其ARP高速缓存中查看有无主机B的IP地址所对应的硬件地址，如果有，则将其封装在MAC帧中。如果没有，则进行ARP请求，获取B的MAC地址，放入高速缓存备用，然后才能通信。在局域网中的ARP请求过程如下右图所示。

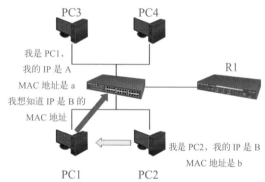

**ARP 的发送形式**

ARP请求是广播形式，在路由器之间请求也是，但应答都是单播的方式。

RARP（reverse address resolution protocol，反向地址解析协议）是设备通过自己知道的IP地址来获得自己不知道的物理地址的协议。与ARP协议相反，当只知道自己的硬件地址的主机，想获得IP地址。一般用于向路由器请求，路由器查看ARP表并返回对应的IP地址。

什么是RARP协议，与ARP是什么关系？

## ▶ 4.5.2 ICMP协议

ICMP（internet control message protocol，互联网控制报文协议）是TCP/IP协议簇的核心协议之一，它用于在IP网络设备之间发送控制报文，传递差错、控制、查询等信息。其实，最常使用ICMP协议的就是Ping命令。

ICMP定义了各种错误消息，用于诊断网络连接性问题。根据这些错误消息，源设备可以判断出数据传输失败的原因。ICMP报文结构如下图所示。

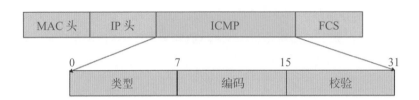

### 知识拓展　ICMP 消息格式

ICMP消息的格式取决于下表中的类型和编码字段，其中类型字段为消息类型，编码字段包含该消息类型的具体参数。后面的校验和字段用于检查消息是否完整。

| 类型 | 编码 | 描述 |
| --- | --- | --- |
| 0 | 0 | Echo Reply |
| 3 | 0 | 网络不可达 |
| 3 | 1 | 主机不可达 |
| 3 | 2 | 协议不可达 |
| 3 | 3 | 端口不可达 |
| 5 | 0 | 重定向 |
| 8 | 0 | Echo Request |

Ping是用来检测网络的逻辑连通性，如目标是否在线，延时大不大，可不可以到达，同时也能够收集其他相关信息，使用的就是ICMP协议。用户可以在Ping命令中指定不同参数，用得比较多的就是-t，不停ping，直到使用Ctrl+C终止，如下图所示。

### 知识拓展　无线局域网的结构

无线局域网使用了小型无线路由器作为中心节点设备，从拓扑逻辑角度来说，这种结构也属于星型拓扑，只是传输介质从线缆变成了电磁波。

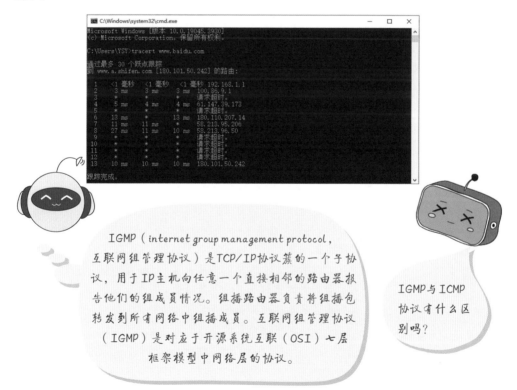

Tracert命令是路由跟踪程序，用来确定IP数据包访问目标所经过的路径，如下图所示。

IGMP（internet group management protocol，互联网组管理协议）是TCP/IP协议簇的一个子协议，用于IP主机向任意一个直接相邻的路由器报告他们的组成员情况。组播路由器负责将组播包转发到所有网络中组播成员。互联网组管理协议（IGMP）是对应于开源系统互联（OSI）七层框架模型中网络层的协议。

IGMP与ICMP协议有什么区别吗？

### ▶ 4.5.3 RIP协议

路由信息协议（routing information protocol，RIP）是内部网关协议（interior gateway protocol，IGP）中最先得到广泛使用的协议。RIP是一种分布式的基于距离向量的路由选择协议，利用跳数作为计量标准，是因特网的标准协议，其最大优点就是简单。简单来说，就是路由器间根据协议，自动生成并宣告网络，自动形成路由表，并转发包。这期间不需要人为干涉，在带宽、配置和管理方面要求较低，由于15跳为最大值，所以主要适合于规模较小的网络中。RIP的收敛速度慢，因为是根据跳数来选择路径，所以所选的不一定是最优路径。

知识拓展

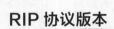
## RIP 协议版本

RIP有RIPv1、RIPv2和RIPng几种版本，前两者用于IPv4，RIPng用于IPv6。其中RIPv1为有类别路由协议，不支持VLSM和CIDR，以广播的形式发送报文，不支持认证。RIPv2为无类别路由协议，支持VLSM，支持路由聚合与CIDR，支持以广播或组播（224.0.0.9）方式发送报文，支持明文认证和MD5密文认证。

## ▶4.5.4  OSPF协议

OSPF（open shortest path first，开放最短路径优先）是为克服RIP的缺点而开发出来的。它也是一个内部网关协议，用于在单一自治系统内决策路由，是对链路状态路由协议的一种实现，运作于自治系统内部。

什么是自治系统？

自治系统（autonomous system，AS）指一组通过统一的路由政策或路由协议互相交换路由信息的网络，在这个AS中，所有的OSPF路由器都维护一个相同的AS结构的数据库，该数据库中存放的是路由器中相应链路的状态信息，OSPF路由器正是通过这个数据库计算出其OSPF路由表的。

作为一种链路状态的路由协议，OSPF将链路状态组播数据（link state advertisement，LSA）传送给在某一区域内的所有路由器。在信息交换的安全性上，OSPF规定了路由器之间的任何信息交换在必要时都可以经过认证或鉴别，以保证只有可信的路由器之间才能传播选路信息。OSPF支持多种鉴别机制，并且允许各个区域间采用不同的鉴别机制。OSPF对链路状态算法在广播式网络（如以太网）中的应用进行了优化，以尽可能地利用硬件广播能力来传递链路状态报文。常见的OSPF网络模型如下图所示。

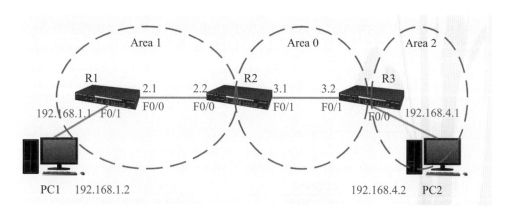

OSPF中划分区域的目的就是在于控制链路状态信息LSA泛洪的范围、减小链路状态数据库LSDB的大小、改善网络的可扩展性、达到快速收敛。当网络中包含多个区域时，OSPF协议有特殊的规定，即其中必须有一个Area 0，通常也叫做骨干区域。当设计OSPF网络时，一个很好的方法就是从骨干区域开始，然后再扩展到其他区域。骨干区域在所有其他区域的中心，即所有区域都必须与骨干区域物理或逻辑上相连，这种设计思想的原因是OSPF协议要把所有区域的路由信息引入骨干区，然后再依次将路由信息从骨干区域分发到其他区域中。

边界网关协议（border gateway protocol，BGP）是运行于TCP上的一种自治系统的路由协议。BGP是唯一一个用来处理像因特网大小的网络的协议，也是唯一能够妥善处理好不相关路由域间的多路连接的协议。BGP系统的主要功能是和其他的BGP系统交换网络可达信息。网络可达信息包括列出的自治系统（AS）的信息。这些信息有效地构造了AS互联的拓扑图并由此清除了路由环路，同时在AS级别上可实施策略决策。

什么是BGP协议？

### ▶ 4.5.5　NAT协议

前面章节介绍时，多次提到了NAT（network address translation，网络地址转换），其主要是解决IPv4地址池不足的问题。当在专用网内部的一些主机获取了内网地址，但又想和因特网上的主机通信时，就需要NAT技术。

# NAT 转换的准备

NAT在使用时，需要在专用网连接到因特网的路由器上开启NAT功能。路由器至少有一个有效的公网IP地址。这样，所有使用内网IP地址的主机在和外界通信时，就可以在路由器上将其本地地址转换成公网IP地址，如下图所示。

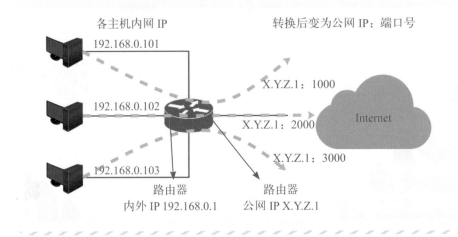

常见的转换包括了静态转换、动态转换和端口多路复用3种技术。

## （1）静态转换

是指将内部网络的私有IP地址转换为公有IP地址，在这种转换过程中，IP地址对是一对一的关系，而且某个私有IP地址只转换为设置的公有IP地址。

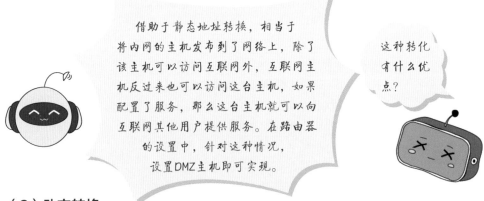

借助于静态地址转换，相当于将内网的主机发布到了网络上，除了该主机可以访问互联网外，互联网主机反过来也可以访问这台主机，如果配置了服务，那么这台主机就可以向互联网其他用户提供服务。在路由器的设置中，针对这种情况，设置DMZ主机即可实现。

这种转化有什么优点？

## （2）动态转换

动态转换是指将内部网络的私有IP地址转换为公用IP地址时，IP地址是不确定的、随机的，如公司申请了多个可以在公网中使用的IP地址，可以将这些IP地址都放入路由器的NAT地址池，当内部计算机需要访问外网时，随机抽取一个给其使用。当ISP提供的合法IP地址略少于网络内部的计算机数量时，可以采用动态转换的方式。

## 固定 IP 地址的获取

家庭用户在路由器拨号时可以随机获取到一个IPv4的公网IP进行通信，如果要获取多个固定IP，需要向运营商申请，并绑定在路由器的出口处才能使用。固定IP的价格不菲。现在大部分的NAT，使用的都是一个公网IP，并使用端口多路复用技术。

### （3）端口多路复用

端口多路复用是指改变外出数据包的源端口并进行端口转换，即端口地址转换。采用端口多路复用方式，内部网络的所有主机均可共享一个合法外部IP地址实现对Internet的访问，不同的计算机访问时，路由器为每个访问分配一个不同的端口号，并存储成一张转换表，用来将返回的数据发回申请主机。从而可以最大限度地节约IP地址资源。同时，又可隐藏网络内部的所有主机，有效避免来自Internet的攻击。因此，网络中应用最多的就是端口多路复用方式。上图中使用的就是端口多路复用，家庭及小型企业中共享上网一般也使用该种技术。

## ▶ 4.5.6　VPN协议

虚拟专用网（virtual private network，VPN），可以理解成是虚拟出来的内部专线，是在公用网络上建立专用网络的技术。其之所以称为虚拟网，主要是因为整个VPN网络的任意两个节点之间的连接并没有传统专网所需的端到端的物理链路，而是利用某种公众网的资源动态组成，通过私有的隧道技术在公共数据网络上仿真一条点到点的专线技术，如在常见的Internet、ATM、Frame Relay等之上架设逻辑网络，用户数据在逻辑链路中传输。所谓专用网络，是指用户可以为自己制定一个最符合自己需求的网络。

## 传统的专线

在传统的企业网络配置中，要进行异地局域网之间的互连，传统的方法是租用数字数据网专线。这样的通信方案必然导致高昂的网络通信/维护费用。

在VPN中，可以使用隧道技术、加解密技术、密钥管理技术以及使用者与设备身份认证技术等。

### （1）隧道技术

隧道技术是VPN实现的基础，类似于点对点连接技术，它在公用网建立一条数据通道（隧道），让数据包通过这条隧道传输。隧道技术是由各种隧道协议组成的，分为第二、三层隧道协议。第二层隧道协议是先把各种网络协议封装到PPP中，再把整个数据包装入隧道协议中。这种双层封装方法形成的数据包靠第二层协议进行传输。第三层隧道协议是把各种网络协议直接装入隧道协议中，形成的数据包依靠第三层协议进行传输。

第二层隧道协议有L2F、PPTP、L2TP等。L2TP协议是IETF的标准，由IETF融合PPTP与L2F而形成。第三层隧道协议有VTP、IPSec等。IPSec（IP Security）是由一组RFC文档组成，定义了一个系统来提供安全协议选择安全算法、确定服务所使用密钥等服务，从而在IP层提供安全保障。

常见的隧道协议有哪些？

## （2）加解密技术

加解密技术是数据通信中一项较成熟的技术，VPN支持直接使用现有的多种技术。

## （3）密钥管理技术

密钥管理技术的主要任务是在公用数据网上安全地传递密钥而不被窃取。现行密钥管理技术又分为SKIP与ISAKMP/OAKLEY两种。SKIP主要是利用Diffie-Hellman的演算法则，在网络上传输密钥。在ISAKMP中，双方都有两把密钥，分别用于公用、私用。

## （4）使用者与设备身份认证技术

最常用的是使用者账户名与密码或卡片式认证等方式。

主要包括安全管理、设备管理、配置管理、访问控制列表管理、QoS管理等内容。

VPN管理的内容有哪些？

---

知识拓展

**代理技术**

在实际使用中，很多VPN技术还同代理技术配置使用。所谓代理技术，指的是主机的访问请求并不直接发往目标网站，而是发往了代理服务器，比如常见的网页代理服务器、全局代理服务器等。由代理服务器负责向目标网站请求，在获取到目标网站的数据信息后，再转交给访问主机。现在的代理技术主要针对的应用层的协议，包括了http代理、https代理、Socks4代理、Socks5代理。

# 网络参数的查看

在操作系统中，可以从多个地方查看网络参数。我们可以通过查看网络参数来了解网络的结构、排除网络的故障。下面介绍下如何在电脑中查看网络参数。

## （1）通过"网络和Internet设置"查看

在Windows 11中，使用"Win+I"组合键打开"设置"界面，从"网络和Internet"选项卡中，选择"以太网"卡片，如下左图所示。从打开的界面中就可以查看到当前的IP地址、DNS地址获取方式、当前的连接速度、IPv4及IPv6地址信息、MAC地址信息，如下右图所示。

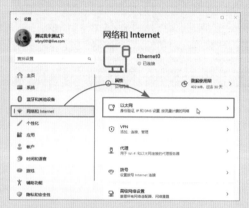 

## （2）通过网卡的详细信息查看

在桌面"网络"上单击鼠标，选择"属性"选项，在"网络和共享中心"中，单击此时的以太网连接的网卡链接，如下左图所示。在网卡状态界面中，可以查看到当前的网络连接时间、局域网的速度。单击"详细信息"按钮，在弹出的界面中，可以查看当前网卡的IP地址、子网掩码、DHCP服务器、NDS服务器以及MAC地址等信息，如下右图所示。

 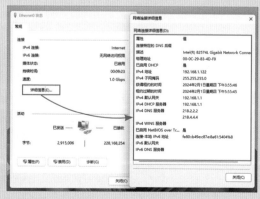

### （3）通过命令查看

使用"Win+R"组合键，启动"运行"对话框，输入命令"cmd"，单击"打开"按钮，如下左图所示。在命令提示符中，输入命令"ipconfig/all"，可以查看到当前的各种网络参数信息，如下右图所示。

### （4）查看外网信息

以上介绍的功能都是查看计算机局域网的相关信息，如果要了解计算机的外网IP地址，可以访问一些第三方的检测网站，它们会记录当前使用的公网IP地址，并包括一些位置信息，如下图所示。

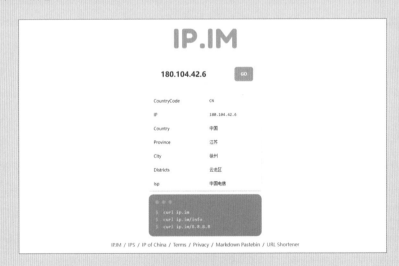

第  章

# 网络信息快递员——传输层

**本章重点难点**

- 传输层简介
- UDP与TCP的数据格式
- TCP的工作过程
- TCP可靠传输的实现
- TPC拥塞控制的实现

传输层是TCP/IP协议的另一个重要部分。与物理层、数据链路层、网络层负责尽可能地将数据传输给目标不同，传输层的主要作用是提供端到端的可靠的传输及流量控制。传输层就像是个负责的快递员，将包裹准确地交给包裹的主人（前面几层是尽力将数据包发送到用户的家里），并确认签字，还会处理包裹运输过程中出现的各种问题。本章就将向读者介绍传输层的相关知识。

# 首先，在学习本章内容前，先来几个问题热热身。

**热身问题**

传输层涉及了端到端的数据传输，传输层的重要作用就是采用多种策略和措施，向上层提供可靠的数据传输服务。

**初级：** 传输层的主要协议有哪些？

**中级：** TCP可靠传输主要依据什么？

**高级：** TPC包含哪四种定时器？

**参考答案**

**初级：** TCP及UDP。

**中级：** 主要依据的是滑动窗口。

**高级：** 包括重传定时器、坚持定时器、保活定时器以及时间等待定时器四种。

本章就将向读者解释这些内容。来进行我们的讲解吧。

# 5.1 认识传输层

网络层将数据报解封后，交给传输层，传输层会继续解封，去除TCP/UDP信息后，将剩下的数据交给应用层继续处理。传输层的数据处理已经不是普通的网络设备所能涉及的了，已经涉及应用进程层面了。下面将介绍传输层的相关知识。

## 5.1.1 传输层的作用

传输层为应用进程之间提供端到端的逻辑通信（网络层是为主机之间提供逻辑通信），并根据通信子网的特性，最佳地利用网络资源，为两端的系统之间提供建立、维护和取消传输连接的功能，负责端到端的可靠数据传输。

在这一层，信息传送的协议数据单元称为段或报文。由于一个主机同时运行多个进程，因此传输层具有复用和分用功能。传输层在终端用户之间提供透明的数据传输，向上层提供可靠的数据传输服务。

传输层在给定的链路上通过流量控制、分段/重组和差错控制来保证数据传输的可靠性。传输层的一些协议是面向连接的，这就意味着传输层能保持对分段的跟踪，并且重传那些失败的分段。传输层需要有两种不同的运输协议，即面向连接的TCP和面向无连接的UDP。这两个协议是传输层最重要的两个协议，也是TCP/IP最重要的协议之一。传输层的主要作用有：

- 分割与重组数据。
- 按端口号寻址。
- 连接管理。
- 差错控制和流量控制，以及纠错。

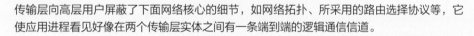

知识拓展　　　**传输层的透明传输**

传输层向高层用户屏蔽了下面网络核心的细节，如网络拓扑、所采用的路由选择协议等，它使应用进程看见好像在两个传输层实体之间有一条端到端的逻辑通信信道。

这种对上层来说的一种透明，就是网络模型设计的原则，这样只要解决本层传输问题，如对上下层来说，只要能按照特定格式，也就是协议，提供对应的数据报即可。这样可以简化复杂问题，更好地设计本层的功能。

透明传输的好处是什么？

## ▶5.1.2 传输层与进程

在传输层中，会涉及系统进程的工作过程，所以在介绍传输层之前，需要知道传输层的宿主，就是传输层到底依据什么进行服务的。

### （1）进程与端口

"进程"，一般狭义地理解就是正在运行的程序的一个实例。一个软件可能有多个进程，而一个进程也可以服务多个软件。进程在需要时，会打开一个端口用来与其他设备进行通信。这些端口就是传输层为应用层提供的，在传输层中进行标记及对接的接口。通过这些接口号标记上层数据，并交给下面的网络层进行传输。反过来，传输层将接收到的数据按照端口再交给应用层对应的进程。这就是传输层的工作模式。

计算机中的进程用"进程标识符"（进程号）来标记。因为计算机的操作系统种类很多，而不同的操作系统又使用不同形式的进程标识符。为了解决这一问题，就需要用统一的方法对TCP/IP体系的应用进程进行标记。这种标记必须是计算机可以识别的、可以独立运作的，从逻辑上可以代表对应的程序。

这个方法就是使用传输层的协议端口，也叫做协议端口号。双方的通信虽然是应用程序，但实际上使用的就是协议端口。从逻辑上，可以把端口作为传输层的发送地址和接收地址，而不需要考虑其他的因素。传输层所要做的，就是将一个端口的数据发送给逻辑接收端的对应接口。

知识拓展

端口的分类

端口可以分为网络和主机的硬件接口，以及应用层的各种协议进程与传输实体进行层间交互的一种软件接口。

### （2）端口号的分类

TCP端口用一个16位端口号进行标志。端口号只具有本地意义，即端口号只是为了标识本计算机应用层中的各进程。在因特网中不同计算机的相同端口号是没有联系的。常见的端口分为：

● **公认端口**：从0到1023。比如WWW服务的80端口、FTP使用的21端口等。UPD的公认端口号与服务的对应关系如下表所示。

| 端口号 | 服务进程 | 说明 |
|--------|----------|------|
| 53 | Domain | 域名服务 |
| 67/68 | DHCP | 动态主机配置协议 |

| 端口号 | 服务进程 | 说明 |
|---|---|---|
| 69 | TFTP | 简单文件传输协议 |
| 111 | RPC | 远程过程调用 |
| 123 | NTP | 网络时间协议 |
| 161/162 | SNMP | 简单网络管理协议 |
| 520 | RIP | 路由信息协议 |

TCP公认端口号与服务进程的对应关系如下表所示。

| 端口号 | 服务进程 | 说明 |
|---|---|---|
| 20 | FTP | 文件传输协议（数据连接） |
| 21 | FTP | 文件传输协议（控制连接） |
| 23 | TELNET | 网络虚拟终端协议 |
| 25 | SMTP | 简单邮件传输协议 |
| 80 | HTTP | 超文本传输协议 |
| 119 | NNTP | 网络新闻传输协议 |
| 179 | BGP | 边界路由协议 |
| 443 | HTTPS | 安全的超文本传输协议 |

- **注册端口：**从1024到49151，分配给用户进程或应用程序。这些进程主要是用户选择安装的一些应用程序，而不是已经分配好了公认端口的常用程序。使用这个范围的端口号必须在IANA登记，以防止重复。
- **动态端口：**从49152到65535。之所以称为动态端口，是因为它一般不固定分配某种服务，而是动态分配。

## （3）套接字

套接字（socket）是通信的基石，是支持TCP/IP协议的基本操作单元，是对网络中不同主机上的应用进程之间进行双向通信的端点的抽象。一个套接字就是网络上进程通信的一端，提供了应用层进程利用网络协议交换数据的机制。从所处的地位来讲，套接字上联应用进程，下联网络协议栈，是应用程序通过网络协议进行通信的接口，是应用程序与网络协议栈进行交互的接口。

**通信域**

套接字存在于通信域中，通信域是为了处理一般的线程通过套接字通信而引进的一种抽象概念。套接字通常和同一个域中的套接字交换数据（数据交换也可能穿越域的界限，但这时一定要执行某种解释程序），各种进程使用这个相同的域互相之间用Internet协议簇来进行通信。

套接字是可以被命名和寻址的通信端点，使用中的每一个套接字都有其类型和一个与之相连的进程。通信时其中一个网络应用程序将要传输的一段信息写入它所在主机的socket中，该socket通过与网络接口卡相连的传输介质将这段信息送到另外一台主机的socket中，使对方能够接收到这段信息。socket是由ip地址和端口组成的，提供向应用层进程传送数据包机制。套接字的表示方法为socket=（IP地址：端口号），是点分十进制的IP地址后面写上端口号，中间用冒号或逗号隔开。每一个传输层连接唯一地被通信两端的两个端点（即两个套接字）所确定，例如如果IP地址是222.66.8.8，而端口号是23，那么得到套接字就是（222.66.8.8:23）。

要通过互联网进行通信，至少需要一对套接字，其中一个运行于客户端，称之为Client Socket，另一个运行于服务器端，称之为Server Socket。

## （4）多路复用与多路分解

这里通过一个类比来理解这两个概念，假设有两个城市A和B，各有10个工厂。这两个城市中的每一个工厂，在每天都要给另一个城市的10个工厂各发一个零件，所以A城市每天都要有100个零件到B城市，B城市亦是如此。A城市和B城市各选出了一个负责人处理这件事，这两个负责人每天都需要干两件事情：

事情1：收集每个工厂需要寄出的零件，并将它交给快递，由快递将零件交到另一个城市；

事情2：快递将零件寄来时，负责人统一接收，并根据包裹上的收件信息，将零件交给指定的工厂。

多路复用的过程就好比负责人要办事情1，而多路分解就好比事情2。

多路复用指在数据的发送端，传输层收集各个套接字中需要发送的数据，将它们封装上首部信息后（之后用于分解），交给网络层。多路分解指在数据的接收端，传输层接收到网络层的报文后，将它交付到正确的套接字上。

工厂就好比套接字，而这两个负责人就好比主机中的传输层，快递可以理解为网络层。负责人将寄来的信分发给工厂的过程，类似于传输层将数据报分发给指定的套接字，而快递从一个城市送零件到另一个城市，也可以类比为网络层中主机之间的通信。

> **⚠️注意事项 | 复用 / 分解要求**
>
> 每个套接字都有唯一标识，每一个传递到传输层的报文段，都包含一些特殊字段，来指明它需要交付到的套接字。对于每一个套接字来说，都能被分配一个端口号。所以上述要求中所说的特殊字段就是源端口号字段和目的端口号字段。

当一个报文段到达传输层时，传输层检测报文段中的端口号，根据端口号，将其定向到指定的套接字中。然后数据通过套接字即可进入套接字对应的进程。

传输层如何分解服务？

# ▶ 5.2 UDP 协议

因为TCP更加复杂一点，所以首先向读者介绍UDP的相关知识。

## ▶ 5.2.1 UDP协议简介

Internet协议集支持一个无连接的传输协议，该协议称为UDP（user datagram protocol，用户数据报协议）。UDP为应用程序提供了一种无需建立连接就可以发送封装的IP数据包的方法，如下图所示。

UDP所做的工作也非常简单，在数据上增加了端口功能和差错检测功能后，就将数据报交给网络层进行封装和发送了。

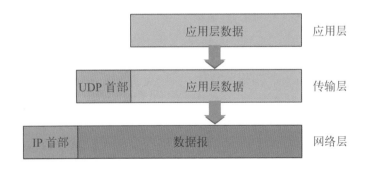

## ▶ 5.2.2 UDP协议的特点

UDP不提供数据包分组、组装，不能对数据包进行排序，也就是说，当报文发送之后，是无法得知其是否安全完整到达的。UDP用来支持那些需要在计算机之间传输数据的网络应用，包括网络视频会议系统在内的众多的客户/服务器模式的网络应用都需要使用UDP协议。UDP协议从问世至今已经被使用了很多年，虽然其最初的光彩已经被一些类似协议所掩盖，但即使在今天UDP仍然不失为一项非常实用和可行的网络传输层协议。虽然UDP不提供可靠交付，但在某些情况下UDP是一种最有效的工作方式。

UDP的主要特点有：

- UDP是无连接的，即发送数据之前不需要建立连接。
- UDP使用尽最大努力交付，即既不保证可靠交付，同时也不使用拥塞控制。
- UDP是面向报文的，没有拥塞控制，很适合多媒体通信的要求。
- UDP支持一对一、一对多、多对一和多对多的交互通信。
- UDP的首部开销小，只有8个字节。
- 发送方的传输层UDP对应用程序交下来的报文既不合并，也不拆分，而是保留这些报文的边界，在添加首部后就向下交付IP层。
- 应用层交给UDP多长的报文，UDP就照样发送，一次发送一个报文。
- 接收方UDP对IP层交上来的UDP用户数据报，在去除首部后就原封不动地交付上层的应用进程，一次交付一个完整的报文。所以应用程序必须选择合适大小的报文。

**数据报的区别**

UDP的用户数据报与网络层的数据报有很大区别。IP数据报要经过互联网中许多路由器的存储转发，但UDP用户数据报是在传输层的端到端抽象的逻辑信道中传送的。

## ▶ 5.2.3 UDP的首部格式

如下图所示，UDP数据报中有两个字段：数据字段和首部字段。首部字段有8个字节，分为4个字段，每个字段有2个字节。

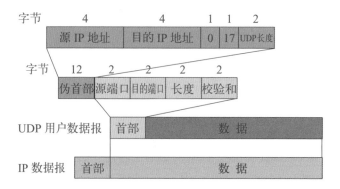

UDP的首部内容中主要字段的含义如下：

① 源端口：源端口号。在需要对方回信时选用。不需要时可用全0。

② 目的端口：目的端口号，在终点交付报文时使用。

③ 长度：UDP用户数据报的长度，用户数据报的长度最大为65535B，最小是8B。如果长度字段是8B，那么说明该用户数据报只有报头，没有数据。

④ 校验和：可选项，检测UDP用户数据报在传输中是否有错。有错就丢弃。

计算校验和时，临时把"伪首部"和UDP用户数据报连接在一起，伪首部的主要作用是计算校验和。

为什么要加入伪首部信息呢？

# ▶ 5.3 TCP 协议

和UDP相比较，TCP主要面向可靠的连接。所谓可靠，就是保证数据在没有问题的情况下到达目的地。

## ▶5.3.1 TCP协议简介

TCP（transmission control protocol，传输控制协议）是一种面向连接的、可靠的、基于字节流的传输层通信协议，是为了在不可靠的互联网络上提供可靠的端到端连接而专门设计的一个传输协议。

TCP允许通信双方的应用程序在任何时候都可以发送数据，应用程序在使用TCP传送数据之前，必须在源进程端口与目的进程端口之间建立一条传输连接。每个TCP连接唯一地用双方端口号来标识，每个TCP连接为通信双方的一次进程通信提供服务。

TCP不提供广播或多播服务。由于TCP要提供可靠的、面向连接的运输服务，因此不可避免地增加了许多的开销。这不仅使协议数据单元的首部增大很多，还要占用许多的资源。TCP报文段是在传输层抽象的端到端逻辑信道中传送，这种信道是可靠的全双工信道。但这样的信道却不知道究竟经过了哪些路由器，而这些路由器也根本不知道上面的传输层是否建立了TCP连接。两者各做各的，并将任务完成即可。

知识拓展　　**客户端与服务端的多连接**

根据应用程序的需要，TCP协议支持一个服务器与多个客户端同时建立多个TCP连接，也支持一个客户端与多个服务器同时建立多个TCP连接。TCP软件分别管理多个TCP连接。

## ▶ 5.3.2　TCP协议特点

TCP协议有以下的特点：

- TCP是面向连接的传输层协议。
- 每一条TCP连接只能有两个端点，每一条TCP连接只能是点对点（一对一）。
- TCP提供可靠交付的服务。
- TCP提供全双工通信。
- TCP面向字节流。
- TCP连接是一条虚连接而不是一条真正的物理连接。
- TCP对应用进程一次把多长的报文发送到TCP的缓存中是不关心的。
- TCP根据对方给出的窗口值和当前网络拥塞的程度来决定一个报文段应包含多少个字节（UDP发送的报文长度是应用进程给出的）。

TCP可把太长的数据块划分短一些再传送。TCP也可等待积累有足够多的字节后再构成报文段发送出去。

如果数据太长，TCP将怎么处理呢？

## ▶ 5.3.3　TCP报文格式

如下图所示，与UDP的首部相比，TCP的首部信息更多，也更加复杂。

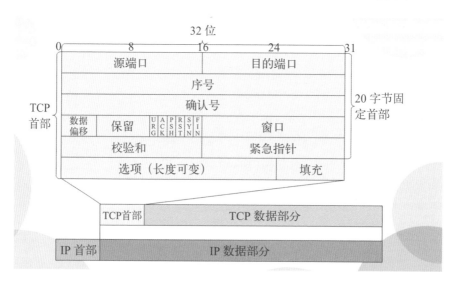

下面简单介绍TCP报文首部信息各字段的含义：

① 源端口和目的端口字段：各占2字节。标识出通信端口，以便可以快速识别进程。

② 序号：占4字节。TCP连接中传送的数据流中的每一个字节都编上一个序号。序号字段的值则指的是本报文段所发送的数据的第一个字节的序号。序号字段长度为32位（4个字节），序号范围为0～($2^{32}$−1)，即0～4294967295。

③ 确认号：占4字节，确认号表示一个进程已经正确接收序号为N的字节，要求发送方下一个应该发送序号为N+1的字节的报文段。

④ 数据偏移：占4位，它指出TCP报文段的数据起始处距离TCP报文段的起始处有多远。"数据偏移"的单位是32位字（以4字节为计算单位）。实际数据偏移是在20～60字节，因此这个字段的值是在5～15之间。

⑤ 保留：占6位，保留为今后使用，但目前应置为0。

⑥ 紧急URG：当URG=1时，表明紧急指针字段有效。它告诉系统此报文段中有紧急数据，应尽快传送（相当于高优先级的数据）。

⑦ 确认ACK：只有ACK=1时确认号字段才有效。当ACK=0时，确认号无效。

⑧ 推送PSH：接收TCP收到PSH=1的报文段，就尽快地交付接收应用进程，而不再等到整个缓存都填满后再向上交付。

⑨ 复位RST：当RST=1时，表明TCP连接中出现严重差错（如由于主机崩溃或其他原因），必须释放连接，然后再重新建立传输连接。

⑩ 同步SYN：同步SYN=1表示这是一个连接请求或连接接收报文。

⑪ 终止FIN：用来释放一个连接。FIN=1表明此报文段的发送端的数据已发送完毕，并要求释放运输连接。

⑫ 窗口：占2字节，长度值在0～65535之间，用来让对方设置发送窗口的依据，单位为字节，窗口字段的值是动态变化的。

窗口字段值指示对方在下一个报文中最多发送的字节数，作为发送方确定发送窗口的依据。

窗口字段有什么作用？

⑬ 校验和：占2字节。校验和字段校验的范围包括首部和数据这两部分。在计算校验和时，要在TCP报文段的前面加上12字节的伪首部。

**知识拓展**　　**校验和的作用**

计算校验和与UDP校验和的方法相同，UDP校验和是可选的，TCP协议是必须有的。

⑭ 紧急指针：占16位，指出在本报文段中紧急数据共有多少个字节（紧急数据放在本报文段数据的最前面）。

⑮ 选项：TCP报头可以有多达40字节的选项字段，选项包括单字节选项和多字节选项。单字节选项有选项结束和无操作。多字节选项有最大报文段长度（maximum segment size，MSS）、窗口扩大因子以及时间戳。

⑯ 填充：这是为了使整个首部长度是4字节的整数倍。

知识拓展

**MSS 的作用**

MSS告诉对方TCP："我的缓存所能接收的报文段的数据字段的最大长度是MSS个字节。"数据字段加上TCP首部才等于整个的TCP报文段。

## ▶ 5.3.4　TCP传输的连接管理

常说的三次握手（连接），四次挥手（释放），指的就是TCP的传输管理过程。TCP的连接过程有三个阶段，包括建立连接、数据传输和连接释放。TCP就要保证这三个过程能够正常地进行。连接的过程主要解决三个问题：

- 要使每一方能够确知对方的存在。
- 要允许双方协商一些参数（如最大报文段长度、最大窗口大小、服务质量等）。
- 能够对运输的实体资源（如缓存大小、连接表中的项目等）进行分配。

TCP连接的建立都是采用C/S（客户端、服务器）模式。主动发起连接建立的应用进程叫做客户端（client）。被动等待连接建立的应用进程叫做服务器（server）或服务端。

TCP的连接模式是怎么样的？

下面介绍TCP传输的连接与释放的过程。

### （1）建立TCP连接过程

TCP的连接过程就是常说的三次握手。当客户进程与服务器进程之间的TCP传输连接建立之后，客户端的应用进程与服务器端的应用进程就可以使用这个连接，进行全双工的字节流传输。整个连接的握手过程见下图。

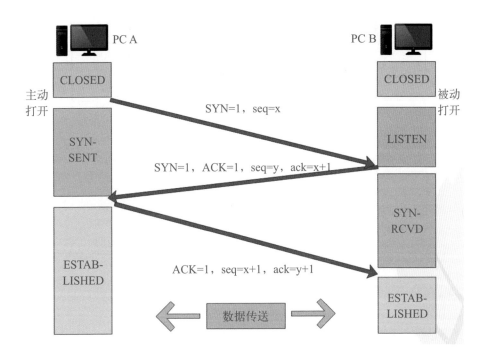

**步骤 01** 首先A向B发出连接请求报文段，这时首部中的同步位SYN=1，同时选择一个初始序号seq=x。TCP规定，SYN报文段不能携带数据，但要消耗掉一个序号。这时，A进入SYN-SENT状态。

**步骤 02** B收到请求后，向A发送确认。在确认报文段中把SYN和ACK位都置为1，确认号是ack=x+1,同时也为自己选择一个初始序号seq=y。注意，这个报文段也不能携带数据，但同样要消耗掉一个序号。这时B进入SYN-RCVD状态。

**步骤 03** A收到B的确认后，还要向B给出确认。确认报文段的ACK置为1，确认号ack=y+1，而自己的序号seq=x+1。这时TCP连接已经建立，A进入ESTABLISHED状态，当B收到A的确认后，也会进入ESTABLISHED状态。接下来就可以正常地进行数据传输了。

序号指的是TCP报文段首部20字节里的序号，TCP连接传送的字节流的每一个字节都按顺序编号。

## （2）TCP连接释放过程

在数据传输结束后，不是简单地停止了。因为TCP是可靠的连接，所以在停止时会进行协商，并经过4个步骤断开TCP连接，以确保整个过程没有问题。TCP的释放过程如下图所示。

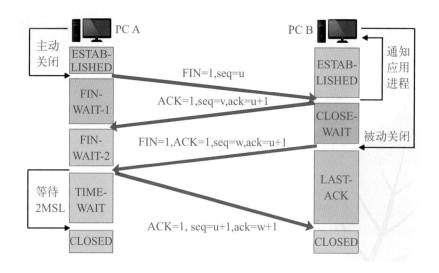

**步骤 01** 客户端A的TCP进程先向服务端发出连接释放报文段，并停止发送数据，主动关闭TCP连接。释放连接报文段中FIN=1，序号为seq=u，该序号等于前面已经传送过去的数据的最后一个字节的序号加1。这时，A进入FIN-WAIT-1（终止等待1）状态，等待B的确认。TCP规定，FIN报文段即使不携带数据，也要消耗掉一个序号。这是TCP连接释放的第一次挥手。

**步骤 02** B收到连接释放报文段后即发出确认释放连接的报文段，该报文段中，ACK=1，确认号为ack=u+1，其自己的序号为v，该序号等于B前面已经传送过的数据的最后一个字节的序号加1。然后B进入CLOSE-WAIT（关闭等待）状态，此时TCP服务器进程应该通知上层的应用进程，因而A到B这个方向的连接就释放了，这时TCP处于半关闭状态，这个状态可能会持续一些时间。这是TCP连接释放的第二次挥手。

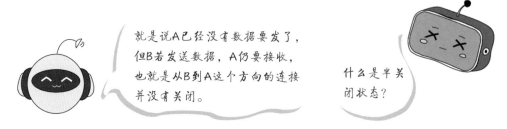

就是说A已经没有数据要发了，但B若发送数据，A仍要接收，也就是从B到A这个方向的连接并没有关闭。

什么是半关闭状态？

**步骤 03** A收到B的确认后，就进入了FIN-WAIT-2（终止等待2）状态，等待B发出连接释放报文段，如果B已经没有要向A发送的数据了，其应用进程就通知TCP释放连接。这时B发出的链接释放到报文段中，FIN=1，确认号还必须重复上次已发送过的确认号，即ack=u+1，序号seq=w，因为在半关闭状态B可能又发送了一些数据，因此该序号w为半关闭状态发送的数据的最后一个字节的序号加1。这时B进入LAST-ACK（最后确认）状态，等待A的确认，这是TCP连接的第三次挥手。

**步骤 04** A收到B的连接释放请求后，必须对此发出确认。确认报文段中，ACK=1，确认号ack=w+1，而自己的序号seq=u+1，而后进入TIME-WAIT（终止等待）状态。这时候，TCP连接还没有释放掉，必须经过时间等待计时器设置的时间2MSL后，A才进入CLOSED状态。而B只要收到了A的确认后，就进入了CLOSED状态。二者都进入CLOSED状态后，连接就完全释放了，这是TCP连接的第四次挥手。

知识拓展

**MSL**

时间MSL叫做最长报文寿命，RFC建议设为2分钟，因此从A进入TIME-WAIT状态后，要经过4分钟才能进入到CLOSED状态。

**⨂注意事项 为什么必须等待2MSL的时间？**
主要为了保证A发送的最后一个ACK报文段能够到达B。另外，防止"已失效的连接请求报文段"出现在本连接中。A在发送完最后一个ACK报文段后，再经过时间2MSL，就可以使本连接持续的时间内所产生的所有报文段，都从网络中消失。这样就可以使下一个新的连接中不会出现这种旧的连接请求报文段。

## ▶5.3.5 可靠传输的实现

传输层为端到端的连接提供数据的可靠传输，简单来说，这种可靠性依靠的是重传机制来实现可靠传输。

### （1）几种不可靠传输的处理方法

可靠传输需要处理包括正常状态、超时状态、数据丢失以及迟到等情况。这里使用了一种ARQ协议进行处理。ARQ叫做停止等待协议，就是每发送完一个分组就停止发送，等待对方的确认。在收到确认后再发送下一个分组。

① 正常的无差错的情况：一般正常的无差错的数据传输方式，如下左图所示，发送方每发送一个分组后，就会等待对方的确认信息，然后才会继续发送。

② 超时重传的情况：如果出现数据发送超时，发送端会主动再次发送一遍该数据，如下右图所示。

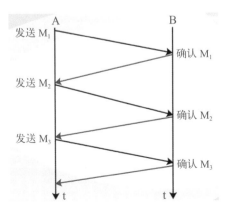
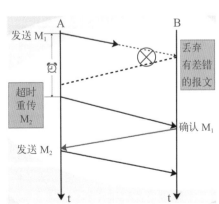

③ 确认丢失和确认迟到：确认丢失和确认迟到的情况，如下图所示。

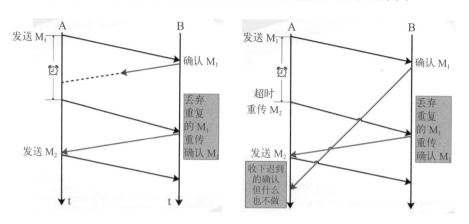

当确认M₁的数据包丢失时，A会经过一段超时时间后重传M₁，B接收并丢弃重复的M₁之后，重传确认M₁数据包。当B发送的确认M₁数据包由于网络原因，绕远路了，在A端规定的超时时间内未到达A，A端就会重传M₁，B接收并丢弃重复的M₁之后，重传确认M₁数据包，并继续通信。当迟到的确认M₁数据包到达A时，A收下数据包但什么也不做。

> 简单来说，就是对方没有告诉我方已经收到了，就代表对方没收到，根据协议，我方必须重新发送。

使用上述的重传和确认机制，可以在不可靠的传输网络上实现可靠的通信。像上述这种可靠传输协议常称为自动重传请求ARQ（automatic repeat request），ARQ表明重传的请求是自动进行的，接收方不需请求发送方重传某个出错的分组。

## （2）四种定时器

对于每个TCP连接，TCP一般要管理4个不同的定时器：

① 重传定时器：每发送一个报文段就会启动重传定时器，如果在定时器时间到后还没收到对该报文段的确认，就重传该报文段，并将重传定时器复位，重新计算；如果在规定时间内收到了对该报文段的确认，则撤消该报文段的重传定时器。

② 坚持定时器：接收端在向发送端发送了零窗口报文段后不久，接收端的接收缓存又有了一些存储空间，于是接收端向发送端发送了一个非零窗口大小的报文段，然而这个报文段在传送过程中丢失了，发送端就一直等待接收端发送非零窗口的报文通知，而接收端并不知道报文段丢失了，就会一直等待发送端发送数据，如果没有任何措施的话，会一直延续下去。

TCP为每一个连接设有一个坚持定时器（也叫持续计数器）。只要TCP连接的一方收到对方的零窗口通知，就启动坚持定时器。若坚持定时器设置的时间到期，就发送一个零窗口探测报文段。

## 知识拓展　零窗口探测报文段

该报文段只有一个字节的数据，它有一个序号，但该序号永远不需要确认，因此该序号可以持续重传。

之后会出现以下三种情况：对方在收到探测报文段后，在对该报文段的确认中给出现在的窗口值，如果窗口值仍为零，则收到这个报文段的一方将坚持定时器的值加倍并重启，坚持定时器最大只能增加到约60s，在此之后，每次收到零窗口通知，坚持定时器的值就定为60s；对方在收到探测报文段后，在对该报文段的确认中给出现在的窗口值，如果窗口不为零，那么死锁的僵局就被打破了；该探测报文发出后，会同时启动重传定时器，如果重传定时器的时间到期，还没有收到接收端发来的响应，则超时重传探测报文。

③ 保活定时器：如果客户已与服务器建立了TCP连接，但后来客户端主机突然故障，则服务器就不能再收到客户端发来的数据了，而服务器肯定不能这样永久地等下去。服务器每收到一次客户端的数据，就重新设置保活定时器，通常为2h，如果2h没有收到客户端的数据，服务端就发送一个探测报文，以后每隔75s发送一次，如果连续发送10次探测报文段后仍没有收到客户端的响应，服务器就认为客户端出现了故障，就可以终止这个连接。

④ 时间等待定时器：主要是测量一个连接处于TIME-WAIT状态的时间，通常为2MSL（报文段寿命的2倍）。2MSL定时器的设置主要是为了确保发送的最后一个ACK报文段能够到达对方，并防止之前与本连接有关的由于延迟等原因而导致已失效的报文被误判为有效。

优点就是简单、可靠、稳定。但是缺点就是信道利用率太低，必须等待回传确认。所以一般采用的是流水线传输。也就是发送方可以连续发送分组信息，不必等待每一个回传确认信息。这样提高了信道利用率。

四种定时器有什么优缺点？

## （3）ARQ协议简介

自动重传请求的原理如下图所示：假设发送窗口是5，也就是发送方一次性能发5个数据包。当发送方收到数据包1的接收确认（表示接收方接收了数据包1）之后，发送窗口向前滑动一个数据包，在发送窗口中删除数据包1的缓存。如果发送了5个数据包后没有收到确认信息就会停止继续发送数据包。滑动窗口方式仍需每个数据包对应一个确认，效率不高。不过可以使用其他技术来提高发送的效率。

发送窗口

| 1 | 2 | 3 | 4 | 5 | 6 | 7 | 8 | 9 | 10 | 11 | 12 |

发送方维持发送窗口（发送窗口是5）

发送窗口　　　　　　　　　　　　向前

| 1 | 2 | 3 | 4 | 5 | 6 | 7 | 8 | 9 | 10 | 11 | 12 |

收到一个确认后发送窗口向前滑动

接收方一般采用累积确认的方式，即不必对收到的分组逐个发送确认，而是对按序到达的最后一个分组发送确认，这样就表示：到这个分组为止的所有分组都已正确收到了。

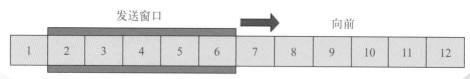

累积确认有的优点是：容易实现，即使确认丢失也不必重传。缺点是：不能向发送方反映出接收方已经正确收到的所有分组的信息。

累积确认有什么优缺点？

### 知识拓展

## Go-back-N（回退N）

如果发送方发送了前两个分组，而后面的三个分组丢失了，这时接收方只能对前两个分组发出确认。发送方无法知道后面三个分组的下落，而只好把后面的三个分组都再重传一次。这就叫做Go-back-N（回退N），表示需要再退回来重传已发送过的N个分组。当通信线路质量不好时，连续ARQ协议会带来负面影响。

### （4）可靠传输实现过程

TCP的可靠传输，依据的是重传机制。通过滑动窗口来控制传输的可靠性。下面介绍通过滑动窗口来实现可靠传输的过程。

① 滑动窗口工作原理　前面介绍ARQ协议时，所使用的就是滑动窗口。窗口是缓存的一部分，用来暂时存放字节流。发送方和接收方各有一个窗口，接收方通过TCP报文段中的窗口字段告诉发送方自己的窗口大小，发送方根据这个值和其他信息设置自己的窗口大小。

发送窗口内的字节都允许被发送，接收窗口内的字节都允许被接收。如果发送窗口左部的字节已经发送并且收到了确认，那么就将发送窗口向右滑动一定距离，直到左部第一个字节不是已发送并且已确认的状态。接收窗口的滑动类似，接收窗口左部字节已经发送确认并交付主机，就向右滑动接收窗口。

接收窗口只会对窗口内最后一个按序到达的字节进行确认，例如接收窗口已经收到的字节为{10，20，30}，其中{10}按序到达，而{20，30}不是，此时接收方如果对字节{40}进行了确认，发送方得到该确认之后，就知道这个字节之前的所有字节都已经被接收。

② 滑动窗口的特点　滑动窗口的特点有：

● 发送方不必发送一个全窗口大小的数据，一次发送一部分即可。
● 窗口的大小可以减小，但是窗口的右边沿却不能向左移动。
● 接收方在发送一个ACK前不必等待窗口被填满。
● 窗口的大小是相对于确认序号的，收到确认后的窗口的左边沿从确认序号开始。

**知识拓展**　　**滑动窗口的三种状态**

滑动窗口共有三种状态：
● 窗口合拢：窗口左边沿向右边沿靠近，这种情况发生在数据被发送后收到确认时。
● 窗口张开：窗口右边沿向右移动，说明允许发送更多的数据，这种情况发生在另一端的接收进程从TCP接收缓存中读取了已经确认的数据时。
● 窗口收缩：窗口右边沿向左移动，一般很少发生，RFC也强烈不建议这么做，因为很可能会产生一些错误，比如一些数据已经发送出去了，又收缩窗口，不让发送这些数据。

窗口的左边沿是肯定不可能左移的，如果接收到一个指示窗口左边沿向左移动的ACK，则它被认为是一个重复ACK，并被丢弃。

左边沿可以向左移动吗？

③ 滑动窗口在TCP传输中的应用过程　下面介绍在TCP使用滑动窗口实现可靠传输的步骤。

**步骤 01** A根据B给出的窗口值，构建出自己的发送窗口，如下图所示。

**步骤 02** A开始传输数据，A与B的滑动窗口，如下图所示。

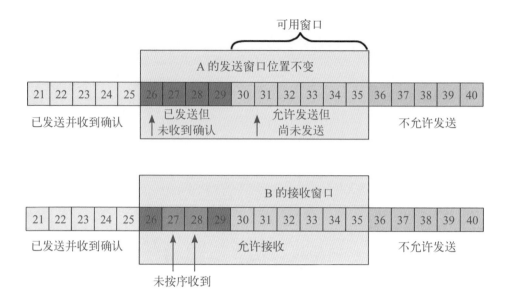

**步骤 03** A收到新的确认号后，发送窗口向前滑动，此时B一般会先存下来，等待缺少的数据到达，如下图所示。

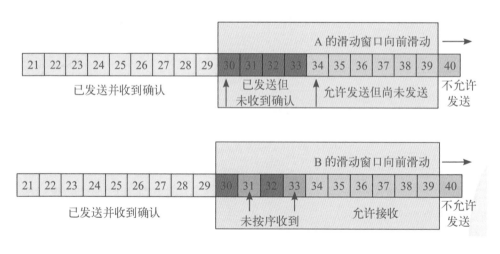

**步骤 04** 如果A的窗口内的序号都发送完毕，但仍然没有收到B的确认，那么必须停止发送，如下图所示。

其中，需要注意的是：

- 发送窗口并不总是和接收窗口一样大（因为有一定的时间滞后）。
- TCP标准没有规定对不按序到达的数据应如何处理。通常是先临时存放在接收窗口中，等到字节流中所缺少的字节收到后，再按序交付上层应用进程。
- TCP要求接收方必须有累积确认的功能，这样可以减少传输开销。

④ 发送与接收缓存　发送缓存用来暂时存放发送应用程序传送给发送方TCP准备发送的数据，以及TCP已发送出但尚未收到确认的数据。接收缓存用来暂时存放按序到达的，但尚未被接收应用程序读取的数据，以及不按序到达的数据。发送缓存与接收缓存分别如下图所示。

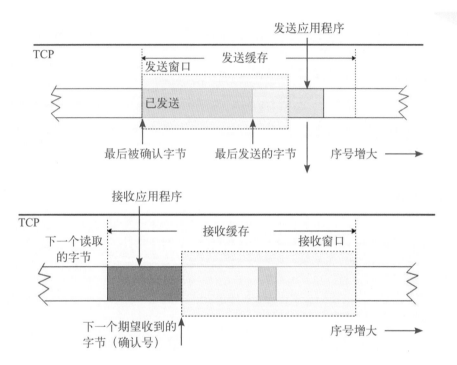

## ▶ 5.3.6　TCP流量控制

一般说来，用户总是希望数据传输得更快一些，但如果发送方把数据发送得过快，接收方就可能来不及接收，这就会造成数据的丢失。流量控制就是让发送方的发送速率不要太快，既要让接收方来得及接收，也不要使网络发生拥塞。接收方发送的确认报文中的窗口字段可以用来控制发送方窗口大小，从而影响发送方的发送速率。将窗口字段设置为0，则发送方不能发送数据。利用滑动窗口机制可以很方便地在TCP连接上实现流量控制。

如下图所示，如A向B发送数据，在建立TCP连接时进行协商。B告诉A，我的接收窗口rwnd为400（B）。

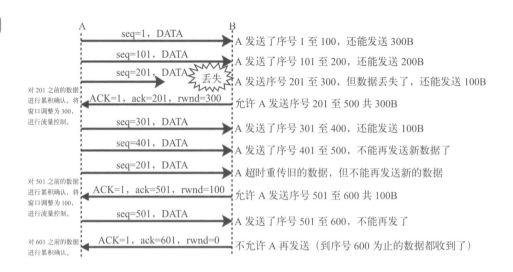

假定接收端的TCP通告窗口大小为零。发送方就停止传送报文，直到接收端发送确认并通告一个非零的窗口大小，这个确认可能会丢失。一方就在永远地等待着另一方，这就可能出现了死锁。

这里就用到了前面介绍的坚持定时器，当发送方收到一个窗口大小为零的确认时，就需要启动坚持定时器，当坚持定时器期限到时，发送方就发送一个特殊的报文，称为探测报文，探测报文提醒接收端：确认已丢失，必须重传。坚持定时器的值设置为重传时间值，这个值通常设定为60s。

如何解决死锁的问题？

## ▶ 5.3.7  TCP的拥塞控制

如右图所示，对于网络容易产生的拥塞，TCP有一套行之有效的控制方法，用于防止由于过多的报文进入网络而造成路由器与链路过载情况的发生。

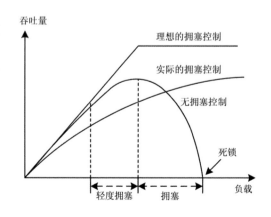

## （1）拥塞概述

在某段时间，若对网络中某资源的需求超过了该资源所能提供的可用部分，网络的性能就要变差，从而产生了拥塞。若网络中有许多资源同时产生拥塞，整个网络的吞吐量将随输入负荷的增大而下降。

如果网络出现拥塞，分组将会丢失，此时发送方会继续重传，从而导致网络拥塞程度更高。因此当出现拥塞时，应当控制发送方的速率。这一点和流量控制很像，但是出发点不同。流量控制是为了让接收方能来得及接收，而拥塞控制是为了降低整个网络拥塞程度。

知识拓展　　　　**拥塞控制的前提**

拥塞控制所要做的都有一个前提，就是网络能够承受现有的网络负荷。拥塞控制是一个全局性的过程，涉及所有的主机、所有的路由器，以及与降低网络传输性能有关的所有因素。

拥塞控制的设计比较复杂，因为它是一个动态的问题。当前网络正朝着高速化的方向发展，这很容易出现因为缓存不够大而造成分组的丢失。但分组的丢失是网络发生拥塞的征兆而不是原因。在许多情况下，甚至正是拥塞控制本身成为引起网络性能恶化甚至发生死锁的原因。

## （2）拥塞控制的几种方法

① 慢开始和拥塞避免　发送方维持一个叫做拥塞窗口cwnd（congestion window）的状态变量。拥塞窗口的大小取决于网络的拥塞程度，并且动态地在变化。发送方让自己的发送窗口等于拥塞窗口，另外考虑到接收方的接收能力，发送窗口可能小于拥塞窗口。

慢开始算法的思路就是不要一开始就发送大量的数据，先探测一下网络的拥塞程度，也就是说由小到大逐渐增加拥塞窗口的大小，每经过一个返回时间RTT就把发送方的拥塞控制窗口加1。实时拥塞窗口大小是以字节为单位的。

拥塞避免指将拥塞窗口控制为按线性增长，使网络不容易出现阻塞。但拥塞避免并不能够完全避免拥塞。

无论是在慢开始阶段还是在拥塞避免阶段，只要发送方判断网络出现拥塞，就把慢开始门限设置为出现拥塞时的发送窗口大小的一半，然后把拥塞窗口设置为1，重新执行慢开始算法。

判断网络出现拥塞的根据就是没有收到确认，虽然没有收到确认可能是其他原因的分组丢失，但是因为无法判定，所以都当作拥塞来处理。

如何判断出现了拥塞？

② 快重传和快恢复　快重传要求接收方在收到一个失序的报文段后就立即发出重复确认（为的是使发送方及早知道有报文段没有到达对方）。发送方只要连续收到三个重复确认就立即重传对方尚未收到的报文段，而不必继续等待设置的重传计时器时间到期。由于不需要等待设置的重传计时器到期，能尽早重传未被确认的报文段，能提高整个网络的吞吐量。

快恢复算法是在快重传算法的基础上进一步优化，它在接收方收到不连续的数据包时，向发送方发送一个重复确认，同时将窗口大小减半，避免过快发送数据包导致网络拥塞。

考虑到如果网络出现拥塞的话就不会收到好几个重复的确认，所以发送方现在认为网络可能没有出现拥塞。所以此时不执行慢开始算法，而是将cwnd设置为状态变量的大小，然后执行拥塞避免算法，整个过程如下图。

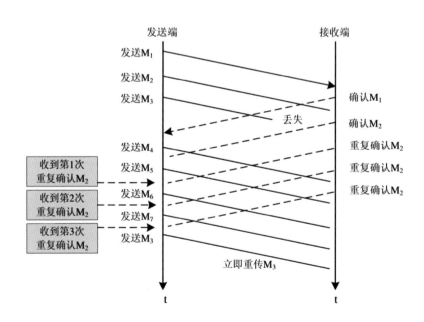

\\ 专题拓展 //

# 查看及结束可疑进程

在计算机系统中，始终存在多种进程，用户可以查看并管理这些进程。通过进程信息可以了解该进程所使用的协议、本地及对方通信地址、端口、协议状态等信息。如果出现了异常的通信，可以结束进程并使用杀毒软件进行查杀，以提高网络的安全性。

## （1）查看进程及端口

可以在命令提示界面中，使用命令"netstat"来查看系统开放的端口。执行步骤如下：

**步骤 01** 单击"Win"键，输入"cmd"，在查询结果中，选择"以管理员身份运行"选项，如下左图所示。

**步骤 02** 输入命令"netstat -ano"即可查看，如下右图所示。

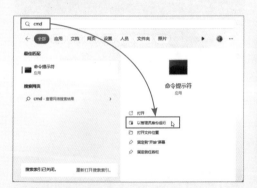

知识拓展 **netstat 命令参数**

命令根据不同的参数，所输出的结果也不同，在本例的-ano中，a用来查看所有连接及侦听端口，n用来以数字形式显示地址和端口号，o显示进程ID。

协议指某个进程使用了传输层的TCP协议还是UDP协议。本地地址显示本地的某个进程所使用的IP及端口连接到了对端。外部地址中显示了该本地进程所连接到的对端的IP地址及端口。状态显示了当前的连接状态。"LISTENING"代表服务处于侦听状态，如果有请求就反应。"ESTABLISHED"，建立连接，代表两台设备正在通信。"CLOSE_WAIT"对方主动关闭或网络异常造成的连接中断状态，本机需要调用close（）来使连接正常关闭。"TIME_WAIT"本机主动启动关闭流程，得到对方确认后的状态。"SYN_SENT"请求连接状态。最后的PID，就是该进程的进程号。

### （2）筛选并结束可疑进程

Netstat的命令结果非常多，可以使用"| findstr 筛选关机字"的格式，在结果中筛选出满足条件的数据行，并可以使用命令结束。

**步骤 01** 进入到命令提示符中，使用命令"netstat -ano | findstr 443"来查看所有连接到远程主机443端口的进程，如下左图所示。

**步骤 02** 如发现某个进程异常，使用命令"tasklist | findstr 进程ID号"来查找该进程号所对应的进程名称，本例查找的进程号是1780，可以看到该进程是msedge.exe，也就是Edge浏览器进程，如下右图所示。

**步骤 03** 使用命令"taskkill /F /T /IM msedge.exe"来结束该进程及子进程，如下左图所示。

**步骤 04** 进行验证，发现该进程已经消失，结束成功，如下右图所示。

### 知识拓展

## taskkill 命令及参数

taskkill用来终止进程，/F为强制终止，/T为终止指定进程及由它启动的子进程，/IM进程名称为按照进程名结束进程，/PID pid号为按照pid号结束进程。

第  章

# 网络前台服务员 —— 应用层

**本章重点难点**

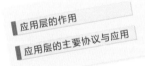

应用层的作用

应用层的主要协议与应用

应用层位于OSI参考模型的最上层，在TCP/IP模型中，将OSI的会话层、表示层和应用层融合在了一起，形成新的应用层。

应用层就像是网络的前台服务员，为计算机程序所需要的网络通信要求提供支持服务。这里的应用，并不特指计算机中的应用软件，而是各种软件所使用的一些通信协议、请求的网络服务及使用的接口等。本章就将向读者介绍应用层的相关知识。

# 首先，在学习本章内容前，
# 先来几个问题热热身。

热身问题

在学习应用层时，需要了解常见的应用层协议及其作用。

**初级：** TCP/IP参考模型的应用层融合了OSI七层模型的哪些层？

**中级：** 网络应用与终端系统有哪几种工作模式？

**高级：** 常见的应用层协议及服务有哪些？

参考答案

**初级：** 融合了会话层、表示层和应用层。

**中级：** 包括了客户/服务器（client/server，C/S）模式、对等（peer-to-peer，P2P）模式、专用服务器以及浏览器/服务器（browser/server，B/S）模式。

**高级：** WWW协议、DNS协议、FTP协议、电子邮件协议、DHCP协议、Telnet协议、SNMP协议等。

本章就将向读者详细介绍应用层的相关知识。开始进行我们的讲解吧。

# ▶ 6.1 认识应用层

应用层是应用程序请求网络服务的接口，而不是指应用程序本身。应用层主要定义了应用程序能够从网络上请求并使用哪种类型的服务，并且规定了在从应用程序接收消息或向应用程序发送消息时，数据所必须采用的格式。

## ▶ 6.1.1 应用层的作用

应用层是用户应用程序与网络之间的接口，定义了一组对网络的访问控制方法。如该层决定了应用程序能够请求网络完成什么类型的事情，或是网络支持什么类型的活动。应用层规定了对特定文件或服务的访问权限，以及允许哪些用户对特定数据执行什么类型的动作。

应用层主要涉及的应用协议有DNS、HTTP、FTP、DHCP、Telnet、SMTP、POP3、IMAP、SNMP等，主要为各种网络应用程序服务。

## ▶ 6.1.2 应用层的融合

会话层和表示层本身是OSI参考模型的第5层和第6层，在TCP/IP协议中消失不见。这并不是弃用，而是在实际中，这两层并没有独立出现过，都是融合到应用层中实现的。

### （1）融合的原因

OSI只是一个理论上的参考模型，而实际的、最常见的TCP/IP参考模型及原理参考模型，把会话层和表示层的功能整合在了应用层，这样有助于给开发者更多的选择。

层次过多、过于复杂会增加协议的复杂性，也会造成效率的折损。

在OSI参考模型中，会话层的功能是会话控制和同步，表示层是解决两个系统间交换信息的语法与语义问题、数据表示转化、加解密和压缩与解压缩功能。很明显这两层在实际应用中很难保持统一性，应用通常会选择不同的加解密方式、不同的语义和时序，所以这两层的功能交给应用开发者作为应用层的一部分功能开发是比较合适的。下面简单介绍下会话层和表示层。

### （2）会话层

会话层，是在发送方和接收方之间进行通信时创建、维持、终止或断开连接的地方。会话层定义了一种机制，允许发送方和接收方启动或停止请求会话，以及当双方发生拥塞时仍然能保持对话。

会话层定义了称为检查点的机制，检查点定义了一个最接近成功通信的点，并且定义了当发生内容丢失或损坏时需要回滚以便恢复丢失或损坏数据的点，有点类似下载软件的断点续传的功能。会话层还定义了当会话出现不同步时，需要重新同步化的机制。

会话层通过什么机制来维持会话的可靠性？

### （3）表示层

表示层管理到网络（数据流从其往下到协议栈）、到特定机器、到特定应用程序（数据流从其往上到协议栈）的数据的表示方式。表示层的这一功能使得完全不同类型的计算机（可能使用不同的方式表示数字和字符）能够跨网络进行相互通信。对于开发人员而言，表示层可以让开发人员很容易地构建能够随意访问本地或远程资源的应用程序。对于用户而言，表示层能够让用户简单地请求他们所需要的资源，并让重定向器去解决如何满足用户请求这样的难题。

## ▶ 6.1.3 网络应用模型

网络应用程序运行在处于网络边缘的不同终端设备上，通过彼此之间的通信来共同完成某项任务。因此开发一种新的网络应用首先要考虑的问题，就是网络应用程序在各种终端系统上的组织方式和它们之间的关系。目前流行的主要有四种模式：客户/服务器（client/server，C/S）模式、对等（peer-to-peer，P2P）模式、专用服务器以及浏览器/服务器（browser/server，B/S）模式。

### （1）客户/服务器模式

服务器-客户机，即client-server（C/S）结构，如下图所示。C/S结构通常采取两层结构。服务器负责数据的管理，客户机负责完成与用户的交互任务。应用层的许多协议都是基于客户服务器方式。

## 客户/服务器模式的工作过程

客户机通过网络与服务器相连接收用户的请求，并通过网络向服务器提出各种应用请求。服务器接受客户机的请求，按照需求收集汇总数据，或经过计算后，将所需数据返回给客户机，客户机对接收的数据进行处理后，把结果呈现给用户。服务器还要提供完善安全保护及对数据完整性的处理及验证等操作。服务器允许多个客户机同时访问，这就对服务器的网络性能和硬件处理数据的能力提出了更高的要求。

在C/S结构中，应用程序分为两部分：服务器部分和客户机部分。服务器部分是多个用户共享的信息与功能，执行后台服务，如控制共享数据库的操作等。客户机部分为用户所专有，负责执行前台功能，在出错提示、在线帮助等方面都有强大的功能，并且可以在子程序间自由切换。C/S模型的关键要素为：由客户而不是服务提供者发起动作；服务器被动地等待来自客户机的请求；客户机和服务器通过一条通信信道连接起来。

C/S结构在技术上已经很成熟，它的主要特点是交互性强、具有安全的存取模式、响应速度快、利于处理大量数据。但是C/S结构缺少通用性，系统维护、升级需要重新设计开发，增加了维护和管理的难度，进一步的数据拓展困难较多。

### （2）对等模式

对等式网络（peer-to-peer，简称P2P），又称点对点技术，其架构体现了一个网际网络技术的关键概念，是无中心服务器、依靠用户群交换信息的互联网体系，它的作用在于减少以往网络传输中的节点，以降低重要数据遗失的风险。与有中心服务器的中央网络系统不同，对等网络的每个用户端既是一个节点，也有服务器的功能，任何一个节点无法直接找到其他节点，必须依靠用户群进行信息交流。

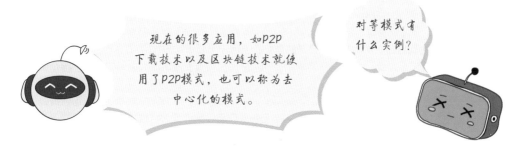

现在的很多应用，如P2P下载技术以及区块链技术就使用了P2P模式，也可以称为去中心化的模式。

对等模式有什么实例？

根据中央化的程度，可以将P2P分为纯P2P和杂P2P。纯P2P：节点同时作为客户端和服务器端，没有中心服务器。杂P2P：有一个中心服务器保存节点的信息并对请求这些信息的要求做出反应；节点负责发布这些信息（因为中心服务器并不保存文件），让中心服务器知道它们想共享什么文件，让需要它的节点下载其可共享的资源；路由终端使用地址，通过被一组索引引用来获取绝对地址。

### （3）专用服务器

专用服务器网络，其特点和基于服务器模式功能差不多，只不过服务器在分工上更加明确，比如在大型网络中服务器可能要为用户提供不同的服务和功能，如文件打印服务、Web、邮件、DNS等。那么，使用一台服务器可能承受不了这么大压力，所以这样网络中就需要有多台服务器为其用户提供服务，并且每台服务器提供专一的网络服务。

### （4）浏览器/服务器模式

浏览器/服务器（browser/server，B/S）模式，也是现在常见的一种网络模式。随着Internet和WWW的流行，以往C/S模式无法满足当前的全球网络开放、互连、可见和共享的新要求，于是就出现了B/S型模式，即浏览器/服务器结构。它是C/S架构的一种改进，可以说属于三层C/S架构。主要是利用了不断成熟的WWW浏览器技术，用通用浏览器就实现了原来需要复杂专用软件才能实现的强大功能，并节约了开发成本，是一种全新的软件系统构造技术。

用户可以通过浏览器去访问Internet上由Web服务器产生的文本、数据、图片、动画、视频点播和声音等信息，而每一个Web服务器又可以通过各种方式与数据库服务器连接，大量的数据实际存放在数据库服务器中。从Web服务器上下载程序到本地来执行，在下载过程中若遇到与数据库有关的指令，由Web服务器交给数据库服务器来解释执行，并返回给Web服务器，Web服务器又返回给用户。在这种结构中，将许许多多的网连接到一块，形成一个巨大的网，即全球网。而各个企业可以在此结构的基础上建立自己的Internet。

知识拓展　　　　三层 C/S 架构

第一层是浏览器，即客户端，只有简单的输入输出功能，处理极少部分的事务逻辑。由于客户不需要安装专门的客户端，只要有浏览器就能上网浏览，所以它面向的是大范围的用户。界面可以设计得比较简单、通用。

第二层是Web服务器，扮演着信息传送的角色。当用户想要访问数据库时，就会首先向Web服务器发送请求，Web服务器统一请求后会向数据库服务器发送访问数据库的请求，这个请求是以SQL语句实现的。

第三层是数据库服务器，当数据库服务器收到了Web服务器的请求后，会对SQL语句进行处理，并将返回的结果发送给Web服务器，Web服务器将收到的数据结果转换为HTML文本形式发送给浏览器，也就是打开浏览器看到的界面。

在B/S模式中，用户是通过浏览器针对许多分布于网络上的服务器进行请求访问的，浏览器的请求通过服务器进行处理，并将处理结果以及相应的信息返回给浏览器，其他的数据加工、请求全部都是由Web Server完成的。通过该框架结构以及植入于操作系统内部的浏览器，该结构已经成为当今软件应用的主流结构模式。B/S模式最大的优点是总体拥有成本低、维护方便、分布性强、开发简单，可以不用安装任何专门的软件就能实现在任何地方进行操作，客户端零维护，系统的扩展非常容易，只要有一台能上网的计算机就能使用。

B/S模式最大的缺点就是通信开销大、系统和数据的安全性较难保障。应用服务器运行数据负荷较重，一旦发生服务器"崩溃"等问题，后果不堪设想。因此，许多单位都备有数据库存储服务器，以防万一。

B/S模式有什么缺点？

## 6.2 应用层常见协议

在应用层中，使用比较多的协议及应用都是基于客户/服务器模式。下面向读者介绍一些在应用层中经常使用的协议及其原理或工作模式。

### 6.2.1 域名解析协议DNS

前面在介绍URL的格式时，介绍了FQDN，其中就包含有域名，而且客户端访问域名时，需要先连接DNS服务器，将域名解析成IP地址后才能访问。

**（1）域名及DNS简介**

以前的服务器数量较少，可以通过记录一些常用的服务器IP地址，然后使用HTTP协议去访问服务器的网页资源或者使用FTP协议去下载资源。而随着服务器越来越多，全是点分十进制的数字表示的服务器地址不容易被记住，而且输入过程容易产生错误。所以人们发明了一种命名规则，用字符串代替纯数字的IP地址。但需要一种特殊的服务器记录两者的映射关系，做到可以将域名翻译成对应的IP地址也可以通过IP地址查找对应的域名。至此，用户通过字符串就可以访问到该服务器资源了。这样的名称现在看来也不是特别好记，但相对于IP地址还是有非常大的进步的。

这种有规则的字符串，就叫做域名。而记录字符串与IP对应的表所存放的，并提供转换服务的服务器，就叫做域名系统（domain name system，DNS）服务器。

**（2）域名的结构**

域名有其特殊的结构形式：因特网采用了层次树状结构的命名方法，任何一个连接在因特网上的主机或路由器，都有一个唯一的层次结构的名字，即域名。域名的结构由标号序列组成，各标号之间用"."隔开，"三级域名.二级域名.顶级域名"，各标号分别代表不同级别的域名，如下图所示。

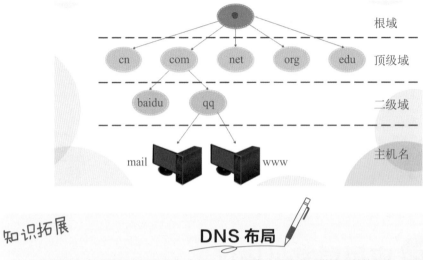

## DNS 布局

DNS服务器在全球范围内采用分布式布局，主要给访问请求提供域名转换服务，而且由于是层级结构，所以实际使用时，可能是多个不同层级的DNS服务器共同完成了域名解析服务。

① 根域及根域服务器　根域由Internet名字注册授权机构管理，该机构负责把域名空间各部分的管理责任分配给连接到Internet的各个组织。根域名服务器是最重要的域名服务器。所有的根域名服务器都知道所有的顶级域名服务器的域名和IP地址。不管是哪一个本地域名服务器，若要对因特网上任何一个域名进行解析，只要自己无法解析，就首先求助于根域名服务器。

由于域名过多，如果不采用分层结构，将所有域名都使用同一个服务器保存，不仅数据量巨大，而且查询和同步时间也会变长，直接影响客户端访问服务器的质量。通过分层结构，可以将域名解析功能下放，通过多级查询，可以加快解析速度，提高访问质量。

域名为什么要采用层次结构啊？

## 根服务器

DNS根服务器主要用来管理互联网的主目录，最早是IPv4，全球只有13台（这13台IPv4根域名服务器名字分别为"A"至"M"），1个为主根服务器在美国，由美国互联网机构Network Solutions运作。其余12个均为辅根服务器，其中9个在美国，2个在欧洲（位于英国和瑞典），1个在亚洲（位于日本）。因为互联网的发展及IPv6的使用，现在又增加了25台IPv6根服务器，我国部署了4台。

② 顶级域名　顶级域名按照行业和作用进行了使用范围的划分，比较常见的顶级域名及使用范围包括：com（公司和企业）、net（网络服务机构）、org（非营利性组织）、edu（教育机构）、gov（政府部门）、mil（军事部门）、int（国际组织）。另外还有国家级别的cn（中国）、us（美国）、uk（英国）等。

③ 二级域名　企业、组织和个人都可以去申请二级域名，如常见的baidu、qq、taobao等，都属于二级域名。

顶级域名服务器可以解析顶级域名下的二级域名对应的IP地址，而二级域名及以下的主机的域名解析，使用的DNS服务器一般都是二级域名对应的公司提供及管理的。这样的结构可以灵活地在企业中发布其他的功能性服务器。

二级以下域名的解析也是顶级域名服务器负责吗？

④ 主机名　通过上面的三者，就可以确定一个域了。接下来在使用时输入的www，指的其实是主机的名字。因为习惯的问题，常常将提供网页服务的主机标识为www。提供邮件服务的，叫做mail。提供文件服务的，叫做ftp。通过主机名加上本区的域名，就是一个完整的FQDN了，如www.baidu.com、mail.qq.com等。

当然在本区域中，还可以继续划分域名，只要本地有一台可以继续解析主机地址的DNS服务器，提供三级、四级乃至更多的域名转换就可以。

**知识拓展**

**本地域名的使用**

本地域名只在本地生效，只有本地意义。如在企业中使用的域环境，就使用了域名这种逻辑结构进行资源的组织和管理。当然也需要在本地搭建一台可以进行域名解析的DNS服务器。

### （3）DNS区域

DNS区域是域名空间中的连续的一部分。域名空间中包含的信息是极其庞大的，为了便于管理，可以将域名空间各自独立存储在服务器上。DNS服务器以区域为单位来管理域名空间区域中的数据，并保存在区域文件中。

比如一个二级域名test.com，该区域可以包括主机www.test.com，也可以包括另一个区域abc.test.com，其中的主机就是www.abc.test.com。只要test.com中有DNS服务器可以解析abc.test.com这个子域，就可以继续向下扩展，如下图所示。

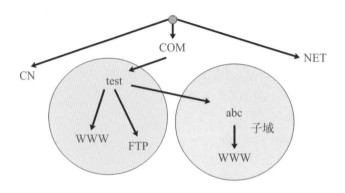

### （4）DNS常见的解析类型

在DNS解析时，有一些常见的解析类型，对应了不同的资源类型。

- **A记录**：设定域名或者子域名指向，保证域名指向对应的主机重要设置。
- **MX记录**：设定域名的邮件交换记录，是指定该域名对应的邮箱服务器的重要设置。
- **CNAME记录**：别名记录。这种记录允许将多个名字映射同一台计算机。
- **TXT记录**：TXT是一种文本记录，仅用于描述域名记录信息，对解析无实质影响。
- **AAAA记录**：是用来将域名解析到IPv6地址的DNS记录。用户可以将一个域名解析到IPv6地址上，也可以将子域名解析到IPv6地址上。
- **SRV记录**：它是DNS服务器的数据库中支持的一种资源记录的类型，它记录了哪台计算机提供了哪种服务。
- **NS记录**：如要将子域名指定给其他DNS服务商解析，需要添加NS记录。

知识拓展　　　　**A 记录的增加过程**

增加A记录时，对应值必须是IP地址，且主机名必须填写，用@可以表示主机名为空。泛域名解析，在主机名处输入*，增加A记录即可。

SRV记录的格式为：优先级 权重 端口 主机名，例如0　5　5060 server. example.com。

SRV记录格式是什么样的？

### （5）DNS查询过程

一个FQDN（如www.test.com.cn）的查询过程如下图所示。

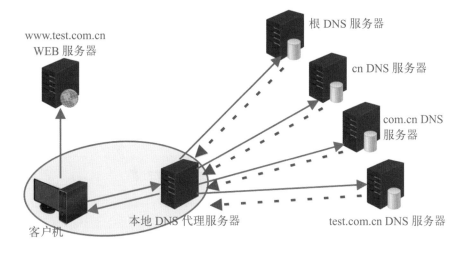

**步骤01** 客户机将www.test.com.cn的查询传递给本地的DNS代理服务器。

## 知识拓展

### 本地缓存

其实客户机本身也有个DNS缓存，客户机首先会查看自身的DNS缓存中有没有对应的条目。可以使用命令"ipconfig /displaydns"来查看。如果要清空本地的DNS缓存，可以使用命令"ipconfig /flushdns"。下图是默认本地缓存没有记录。

**步骤02** 本地DNS代理服务器检查区域数据库，发现没有test.com.cn域的解析缓存信息，因此它将查询传递到DNS根名称服务器，请求解析主机名称。根名称服务器把"cn"DNS服务器的IP地址返回给本地DNS代理服务器。

**步骤03** 本地DNS代理服务器将解析请求发送给"cn"DNS服务器，服务器根据请求将"com.cn"DNS服务器的IP地址返回给本地DNS代理服务器。

**步骤04** 本地DNS代理服务器向"com.cn"DNS服务器发送解析请求，此服务器根据请求将"test.com.cn"DNS服务器的IP地址返回给本地DNS代理服务器。

**步骤 05** 本地DNS代理服务器向"test.com.cn"DNS服务器发送解析请求，由于该服务器有对应的记录，因此它会将www.test.com.cn的IP地址返回给本地DNS代理服务器。

**步骤 06** 本地DNS代理服务器将www.test.com.cn的解析IP地址加入到缓存中，并同时将解析结果发送给客户机。

**步骤 07** 域名解析成功后，客户机可以通过IP和域名访问目标网页服务器了。

## 知识拓展　　DNS 代理服务器缓存

为提高解析效率，减少开销，每个DNS代理服务器都有一个高速缓存，存放最近解析的域名和对应的IP地址信息。当用户下次再进行相同域名的解析时，可以跳过复杂的解析过程，将解析结果直接发送给用户。这样大大缩短了查询时间，加快了查询过程，和网页代理服务器有些类似，两者可以结合使用。

### （6）递归查询与迭代查询

在以上域名查询过程中，有两种查询的类型：递归查询和迭代查询。

递归查询指当DNS服务器收到查询请求后，要么做出查询成功的响应，要么做出查询失败的响应。在本例中，客户机向本地DNS代理服务器查询，服务器最后给出解析，就是递归查询。用户向其设置的网络DNS服务器的查询过程，也属于递归查询。

而迭代查询，指DNS服务器根据自己的高速缓存或区域的数据，以最佳结果作答，如果DNS服务器无法解析，它就返回一个指针。指针指向有下级域名的DNS服务器，它继续该过程，直到找到拥有所查询名字的DNS服务器，或者直到出错或超时为止。本例中，本地DNS代理服务器向根、顶级、二级等DNS服务器查询过程就是迭代查询。

### （7）正向查询与反向查询

以上由域名查询IP地址的过程属于正向查询，而由IP地址查询域名的过程就是反向查询了。反向查询要求对每个域名进行详细搜索，这需要花费很长时间。为解决该问题，DNS标准定义了一个名为in-addr.arpa的特殊域。该域遵循域名空间的层次命名方案，它是基于IP地址，而不是基于域名，其中IP地址8位位组的顺序是反向的。

例如，如果客户机要查找172.16.44.1的FQDN客户机，就查询域名1.44.16.172.inaddr.arpa的记录即可。

反向查询是如何实现的？

## ▶ 6.2.2 文件传输协议FTP

除了HTTP外，最常使用的就是FTP协议，也叫做文件传输协议，可以在互联网的主机上通过该协议下载文件、软件、音乐、视频等各种共享的资源。在本地也可以搭建FTP服务器，只要遵守该协议的客户端都可以连接及下载资源。

### （1）FTP简介

文件传输协议（file transfer protocol，FTP），是专门用来传输文件的协议，也是因特网上使用得最广泛的文件传输协议。用户联网的首要目的就是实现信息共享，所以文件传输是信息共享非常重要的内容之一，如下图所示。

Internet上早期实现传输文件，并不是一件容易的事。Internet是一个非常复杂的计算机环境，有PC、有工作站、有MAC、有大型机等。这些计算机可能运行不同的操作系统，而各种操作系统之间的文件交流问题，需要建立一个统一的文件传输协议，FTP就出现了，通过共同使用的协议来传输文件。

与大多数Internet服务一样，FTP也是一个客户机/服务器结构。用户通过一个支持FTP协议的客户机程序，连接到在远程主机上的FTP服务器程序。

用户可以使用客户端软件连接到目标进行上传下载，也可以使用命令进行上传下载。而且下载时，可以使用各种下载软件进行多线程下载。

FTP下载或上传的方法有哪些？

### （2）FTP的端口与连接

FTP使用20与21端口对外界进行通信，21端口属于连接控制端口，控制连接在整个会话期间一直保持打开，FTP客户发出的传送请求通过控制连接发送给服务器端的控制进程，但控制连接不用来传送文件。

实际用于传输文件的端口是20。服务器端的控制进程在接收到FTP客户发送来的文件传输请求后就创建"数据传送进程"和"数据连接"，用来连接客户端和服务器端的数据传送进程。数据传送进程实际完成文件的传送，在传送完毕后关闭"数据传送连接"并结束运行。当客户进程向服务器进程发出建立连接请求时，要寻找连接服务器进程的熟知端口（21），同时还要告诉服务器进程自己的另一个端口号码，用于建立数据传送连接。接着，服务器进程用自己传送数据的熟知端口与客户进程所提供的端口号码建立数据传送连接。

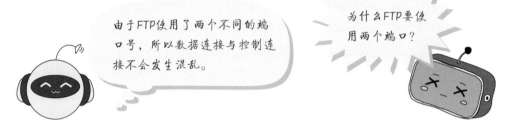

由于FTP使用了两个不同的端口号，所以数据连接与控制连接不会发生混乱。

为什么FTP要使用两个端口？

## （3）FTP协议的特点

虽然现在通过HTTP协议下载的站点有很多，但是由于FTP协议可以很好地控制用户数量和宽带的分配，快速方便地上传、下载文件，因此FTP已成为网络中文件上传和下载的首选服务。FTP服务的特点如下所述。

- FTP使用两个平行连接：控制连接和数据连接。控制连接在两主机间传送控制命令，如用户身份、口令、改变目录命令等。数据连接只用于传送数据。
- 在一个会话期间，FTP服务器必须维持用户状态，不能断开。当用户在目录树中活动时，服务器必须追踪用户的当前目录，这样就限制了并发用户数量。
- FTP支持文件沿任意方向传输。当用户与远程计算机建立连接后，用户可以获得一个远程文件，也可以将本地文件传输至远程机器。

## （4）FTP的工作模式

如下图所示，FTP的工作模式包括主动模式、被动模式两种。

① 主动模式 在主动模式下，FTP客户端首先与FTP服务器的TCP21端口建立连接，通过这个通道发送命令，客户端需要接收数据的时候在这个通道上发送Port命令。Port命令包含了客户端用什么端口接收数据。在传送数据的时候，服务器端通过其TCP20端口连接到客户端的指定端口发送数据。FTP服务器必须与客户端建立一个新的连接用来传送数据。

② 被动模式 在被动模式下，建立控制通道时与主动模式类似，但建立连接后发送的不是Port命令，而是Pasv命令。FTP服务器收到Pasv命令后，随机打开一个高端端口（端口号大于1024）并且通知客户端在这个端口上传送数据的请求，客户端连接FTP服务器上的这个端口，然后FTP服务器将通过这个端口传送数据。在这种情况下，FTP服务器不再需要与客户端建立一个新的连接。

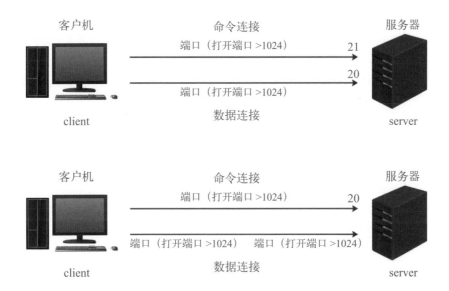

## 其他常用的文件传输协议

网络文件系统（network file system，NFS）允许一个系统在网络上与他人共享目录和文件。通过使用NFS，用户和程序可以像访问本地文件一样访问远端系统上的文件。

简单文件传输协议（trivial file transfer protocol，TFTP）是TCP/IP协议族中的一个用来在客户机与服务器之间进行简单文件传输的协议，提供不复杂、开销不大的文件传输服务，端口号为69。此协议设计的时候是进行小文件传输的。因此它不具备通常的FTP的许多功能，它只能从文件服务器上获得或写入文件，不能列出目录，不进行认证，它传输8位数据。

比如常见的网络启动，就可以使用TFTP协议，从服务器上下载操作系统到内存中启动客户机到达系统管理界面。

TFTP协议有什么实际的应用？

## ▶ 6.2.3　动态主机配置协议DHCP

DHCP在家庭及小型局域网中使用得比较多，DHCP的作用就是自动为主机分配各种网络参数，用来连接网络。

## （1）DHCP简介

动态主机配置协议（dynamic host configuration protocol，DHCP）是一个局域网

的网络协议，指的是在DHCP服务器上可以事先配置好允许分配的IP地址范围、子网掩码、网关、DNS等信息，客户机发送DHCP请求时就可以从DHCP服务器获得这些网络信息，然后就可以联网了。DHCP采用客户端/服务器模式，通过该协议可以大大减轻局域网管理员手动分配网络参数的工作量，同时减小了分配错误和IP冲突的可能性。

- **自动分配方式**：DHCP服务器为主机指定一个永久性的IP地址，一旦DHCP客户端第一次成功从DHCP服务器端租用到IP地址后，就可以永久性地使用该地址。
- **动态分配方式**：DHCP服务器给主机指定一个具有时间限制的IP地址，时间到期或主机明确表示放弃该地址时，该地址可以被其他主机使用。
- **手工分配方式**：客户端的IP地址是由网络管理员指定的，DHCP服务器只是将指定的IP地址告诉客户端主机。

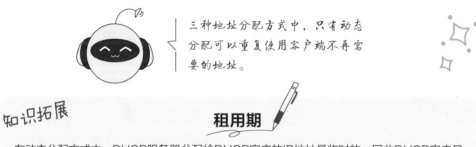

三种地址分配方式中，只有动态分配可以重复使用客户端不再需要的地址。

**知识拓展**

**租用期**

在动态分配方式中，DHCP服务器分配给DHCP客户的IP地址是临时的，因此DHCP客户只能在一段有限的时间内使用这个分配到的IP地址。DHCP协议称这段时间为租用期。租用期的长短由DHCP服务器决定。DHCP客户也可在自己发送的报文中提出对租用期的要求。默认租约时长是2个小时，快到期时客户会自动续约，否则服务器会认为到期，并回收该IP。

## （2）DHCP协议的工作过程

如下图所示，DHCP封包时在传输层是采用UDP协议，当客户端传送封包给服务端时，采用的也是UDP协议，使用的是68号端口，从服务端传送封包给客户端时，也使用UDP协议，使用67号端口。下面介绍下DHCP协议的工作过程。

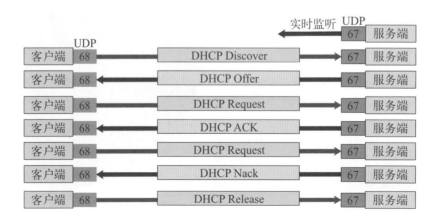

**步骤 01** DHCP服务器打开UDP端口67，并监听该端口，等待请求报文。

**步骤 02** DHCP客户端通过UDP端口68端口发送DHCP Discover报文，是以广播形式发送。

**步骤 03** 网络上的所有DHCP服务器收到发现报文，并发送DHCP Offer报文，以单播形式发送。DHCP Offer报文中"Your（Client） IP Address"字段就是DHCP Server能够提供给DHCP Client使用的IP地址，且DHCP Server会将自己的IP地址放在"option"字段中以便DHCP Client区分不同的DHCP Server。

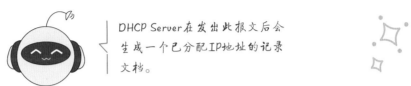

DHCP Server在发出此报文后会生成一个已分配IP地址的记录文档。

**步骤 04** 客户端只能处理其中的一个DHCP Offer报文，一般的原则是最先收到的DHCP Offer报文。客户端会发送一个DHCP Request报文，是广播形式。在选项字段中会加入选中的DHCP Server的IP地址和需要的IP地址。

**步骤 05** DHCP Server收到DHCP Request报文后，判断选项字段中的IP地址是否与自己的地址相同。如果不相同，DHCP Server不做任何处理只清除相应IP地址分配记录。如果相同，DHCP Server就会向DHCP Client响应一个DHCP ACK报文，并在选项字段中增加IP地址的使用租期信息。DHCP服务器若不同意，则发回否认报文DHCP NACK。

**步骤 06** DHCP Client接收到DHCP ACK报文后，检查DHCP Server分配的IP地址是否能够使用。如果可以使用，则DHCP Client成功获得IP地址并根据IP地址使用租期自动启动续延过程。如果DHCP Client发现分配的IP地址已经被使用，则DHCP Client向DHCP Server发出DHCP Decline报文，通知DHCP Server禁用这个IP地址，然后DHCP Client开始新的地址申请过程。

**步骤 07** DHCP Client在成功获取IP地址后，随时可以通过发送DHCP Release报文释放自己的IP地址，DHCP Server收到DHCP Release的报文后，会回收相应的IP地址并重新分配。

> **⚠注意事项 租约到期的处理方法**
>
> 在使用租期超过50%时刻处，DHCP Client会以单播形式向DHCP Server发送DHCP Request报文来续租IP地址。如果DHCP Client成功收到DHCP Server发送的DHCP ACK报文，则按相应时间延长IP地址租期。如果没有收到DHCP Server发送的DHCP ACK报文，则DHCP Client继续使用这个IP地址。
>
> 在使用租期超过87.5%时刻处，DHCP Client会以广播形式向DHCP Server发送DHCP Request报文来续租IP地址。如果DHCP Client成功收到DHCP Server发送的DHCP ACK报文，则按相应时间延长IP地址租期。如果没有收到DHCP Server发送的DHCP ACK报文，则DHCP Client继续使用这个IP地址，直到IP地址使用租期到期时，DHCP Client才会向DHCP Server发送DHCP Release报文来释放这个IP地址，并开始新的IP地址申请过程。

### （3）DHCP中继代理

对于小型局域网来说，都会有一台DHCP服务器，一般由路由器提供该服务。但对于大型企业局域网来说，并不是其中每个小型局域网中都有DHCP服务器，这样会使DHCP服务器的数量太多，也容易产生IP地址的分配混乱。一般每一个小型网络中会包含有一个DHCP中继代理，用来与主DHCP服务器沟通并按照策略和配置，为该网络中的主机分配网络参数，如下图所示。

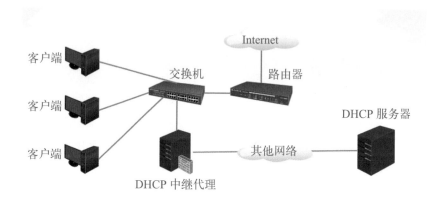

当DHCP中继代理收到主机发送的发现报文后，就以单播方式向DHCP服务器转发此报文，并等待其回答。收到DHCP服务器回答的报文后，DHCP中继代理再将此提供报文发回给主机。

## ▶ 6.2.4　远程终端协议Telnet

提到Telnet，有些读者就想到了黑客远程渗透。其实Telnet本身是一个简单的远程终端协议。通过该协议及对应的程序，用户可以远程管理其他的终端。

### （1）Telnet简介

Telnet协议是TCP/IP协议簇中的一员，是Internet远程登录服务的标准协议和主要方式。它为用户提供了在本地计算机上完成控制远程主机工作的能力。

用户使用Telnet应用程序（如各种终端），连接到远程服务器后，可以在应用程序中输入各种管理命令，这些命令会在远程服务器上运行，就像直接在本地服务器的控制台上输入一样。

Telnet主要应用是什么？

Telnet通常会使用用户名和密码来进行身份验证，使用的端口是69。Telnet也是客户端/服务器工作模式，在本地系统运行Telnet客户进程，而在对端主机则运行Telnet服务器进程。

> **!注意事项 Telnet 的安全性**
>
> 虽然Telnet较为简单实用也很方便，但Telnet是一个明文传送协议，它将用户的所有内容，包括用户名和密码都以明文的方式在互联网上传送，具有一定的安全隐患，因此许多服务器都会选择禁用Telnet服务。如果要使用Telnet的远程登录功能，使用前应在远端服务器上检查并开启该服务。

### （2）Telnet远程登录的过程

Telnet远程登录可以分为以下四个步骤：

**步骤 01** 本地与远程主机建立连接。该过程实际上是建立一个TCP连接，用户必须知道远程主机的IP地址或域名。

**步骤 02** 将本地终端上输入的用户名和口令，以及以后输入的内容以NVT格式传送到远程主机。该过程实际上是从本地主机向远程主机发送一个IP数据包。

**步骤 03** 将远程主机输出的NVT格式的数据转化为本地所接受的格式送回本地终端，包括输入命令回显和命令执行结果。

**步骤 04** 最后，本地终端对远程主机进行撤销连接。该过程是撤销一个TCP连接。

NVT（network virtual terminal）格式编码是一种用于在Telnet协议中传输数据的编码方式，是一种通用的、跨平台的编码方式，可以用于在不同的计算机操作系统和终端之间传输数据。此外，NVT格式编码还具有一定的纠错能力，可以通过校验位来检测和纠正传输中的错误。

什么是NVT编码格式？

## ▶ 6.2.5 简单网络管理协议SNMP

简单网络管理协议（simple network management protocol，SNMP），主要用来加强网络管理系统的效能，还可以对网络中的资源进行统一管理，并进行实时监控，应用比较广。

### （1）SNMP简介

SNMP是专门设计用于在IP网络管理网络节点（服务器、工作站、路由器、交换机等）的一种标准协议。SNMP使网络管理员能够管理网络效能，及时发现并快速解决网络中出现的问题以及规划网络增长。基于TCP/IP的SNMP网络管理框架是工业上的现行标准，由3个主要部分组成，分别是管理信息结构SMI（structure of management information，SMI）、管理信息库（management information base，MIB）和管理协议SNMP。网络管理的一般模型如下图所示。

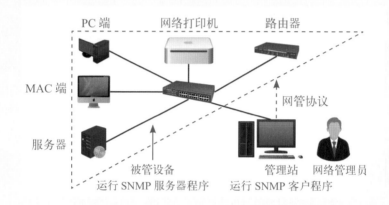

**知识拓展　网络管理的内容**

网络管理包括对硬件、软件和人力的使用、综合与协调，以便对网络资源进行监视、测试、配置、分析、评价和控制，这样就能以合理的价格满足网络的一些需求，如实时运行性能、服务质量等。

- 管理站也常称为网络运行中心（network operations center，NOC），是网络管理系统的核心。
- 管理程序在运行时就称为管理进程。
- 管理站（硬件）或管理程序（软件）都可称为管理者。
- 网络管理员指的是人。大型网络往往实行多级管理，因而有多个管理者，而一个管理者一般只管理本地网络的设备。

这里的管理者不是指人，而是指机器或软件。

## （2）SNMP指导思想

SNMP在设计和功能方面的指导思想如下：

① SNMP最重要的指导思想就是要尽可能简单。

② SNMP基本功能包括监视网络性能、检测分析网络差错和配置网络设备等。

③ 在网络正常工作时，SNMP可实现统计、配置、和测试等功能。当网络出故障时，可实现各种差错检测和恢复功能。

④ SNMP虽然是在TCP/IP基础上的网络管理协议，但也可以扩展到其他类型的网络设备上。

## （3）SNMP的组成

SNMP的组成包括SNMP本身，管理信息结构SMI以及管理信息库MIB。

① SNMP定义了管理站和代理之间所交换的分组格式。所交换的分组包含各代理中的对象（变量）名及其状态（值）。SNMP负责读取和改变这些数值。

② SMI定义了命名对象和定义对象类型（包括范围和长度）的通用规则，以及把对象和对象的值进行编码的规则。这样做是为了确保网络管理数据的语法和语义的无二义性。SMI并不定义一个实体应管理的对象数目，也不定义被管对象名以及对象名及其值之间的关联。

③ MIB在被管理的实体中创建了命名对象，并规定了其类型。

## SNMP 报文格式

SNMP的报文格式，如下图所示。

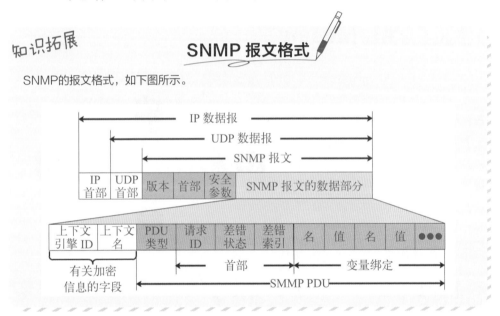

## （4）SNMP的技术优点

SNMP是管理进程和代理进程之间的通信协议。它规定了在网络环境中对设备进行监视和管理的标准化管理框架、通信的公共语言、相应的安全和访问控制机制。网络管理员使用SNMP功能可以查询设备信息、修改设备的参数值、监控设备状态、自动发现网络故障、生成报告等。SNMP具有以下技术优点：

① 基于TCP/IP互联网的标准协议，传输层协议一般采用UDP。

② 自动化网络管理。网络管理员可以利用SNMP平台在网络上的节点检索信息、修改信息、发现故障、完成故障诊断、进行容量规划和生成报告。

③ 屏蔽不同设备的物理差异，实现对不同厂商产品的自动化管理。SNMP只提供最基本的功能集，使得管理任务与被管设备的物理特性和实际网络类型相对独立，从而实现对不同厂商设备的管理。

④ 简单的请求-应答方式和主动通告方式相结合，并有超时和重传机制。

⑤ 报文种类少，报文格式简单，方便解析，易于实现。

⑥ SNMPv3版本提供了认证和加密安全机制，以及基于用户和视图的访问控制功能，增强了安全性。

# ▶ 6.3 应用层常见应用

应用层在各种协议的基础上形成了多种应用，最常见的就是万维网WWW以及电子邮件。

## ▶ 6.3.1 万维网WWW

WWW（world wide web，万维网）是一个基于互联网的全球性信息浏览系统，也是存储在Internet服务器中、数量巨大的文档的集合。这些文档称为页面，它是一种超文本信息，可以是文本、图形、视频、音频等多媒体。Web上的信息是由彼此关联的文档组成的，而使其连接在一起的是超链接，如右图所示。

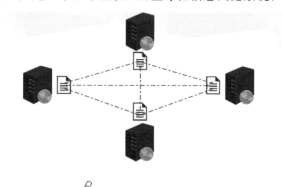

知识拓展

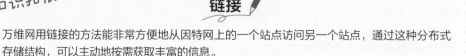

链接

万维网用链接的方法能非常方便地从因特网上的一个站点访问另一个站点，通过这种分布式存储结构，可以主动地按需获取丰富的信息。

### （1）超文本

超文本可以由网页浏览器（web browser）送出请求，并从网页服务器取回称为"文档"或"网页"的信息并显示，这种操作又叫浏览网页。网页是网站的基本信息单位，是WWW的基本文档。它由文字、图片、动画、声音等多种媒体信息以及链接组成，是用HTML编写的，通过链接实现与其他网页或网站的关联和跳转。相关的数据通常排成一群网页，又叫网站。网站从创建的角度来说，可以分为静态网站和动态网站两种。

### （2）静态网站与动态网站

网站都是由网页组合而成，静态网站是最初的建站方式，浏览者所看到的每个页面是建站者用HTML（标准通用标记语言下的一个应用）编写并上传到服务器上的一个html（htm）文件。这种网站每增加、删除、修改一个页面，都必须重新对服务器的文件进行一次下载上传。静态网页是实实在在保存在服务器上的文件，每个网页都是一个独立的文件。静态网页的内容相对稳定，因此容易被搜索引擎检索。

静态网页没有数据库的支持，在网站制作和维护方面工作量较大，因此当网站信息量很大时完全依靠静态网页制作方式比较困难。另外，交互性较差，在功能方面有较大的限制。但这就是互联网最初的样子。

静态网站有没有数据库支持啊？

随着网站技术和互联网技术的发展，出现了动态网站，如下图所示。动态网站的网页有独立的环境，有自己的数据库，会根据用户的不同要求和请求参数而动态地改变和响应。浏览器作为客户端，成为一个动态交流的桥梁，动态网页的交互性也是今后Web发展的潮流。

知识拓展

**动态网站的自动更新**

自动更新即无须手动更新HTML文档，便会自动生成新页面，可以大大节省工作量。当不同时间、不同用户访问同一网址时会出现不同页面。

网站由众多不同内容的网页构成，通常把进入网站首先看到的网页称为首页或主页，例如淘宝、百度、腾讯就是国内比较知名的大型门户网站。

## （3）统一资源定位符URL

万维网的访问方式是使用统一资源定位符（uniform resource locator，URL）进行访问。统一资源定位符URL是对可以从因特网上得到的资源的位置和访问方法的一种简洁的表示。每一个文档在整个因特网的范围内具有唯一的标识符URL。

其基本格式为<协议>://<主机>:<端口>/<路径>。

其中的"协议"，可以是FTP、HTTP、HTTPS等。"主机"指存放该资源的主机在Internet中的全限定域名（fully qualified domain name，FQDN）地址。"端口"指客户端访问服务器的某端口号。如果不带，表示使用默认端口号进行访问。"路径"指服务器存放的网页或者资源所在的目录路径。

如访问某网页，使用的是HTTP或HTTPS协议，主机FQDN就是网站服务器的完整域名，端口默认是80，也可以不写。所以如果写全，就是"http://www.dssf007.com:80/"。一般浏览器默认就是使用HTTP协议并访问服务器的80端口，所以一般就简写为www.dssf007.com就可以了。

## （4）超文本传输协议HTTP与HTTPS

在万维网客户程序与万维网服务器程序之间进行交互所使用的协议，是超文本传送协议（hypertext transfer protocol，HTTP）。HTTP是一个应用层协议，它使用TCP连接进行可靠的传送，一般使用80端口来检测HTTP的访问请求。为了使超文本链接能够高效率地完成，需要用HTTP协议发送一切必需的请求信息。

从层次的角度看，HTTP是面向事务的应用层协议，它是万维网上能够可靠地交换文件（包括文本、声音、图像等各种多媒体文件）的重要基础。协议本身也是无连接的，虽然它使用了面向连接的TCP，并向上提供的服务。

随着互联网的发展，HTTP协议被更加安全的HTTPS协议所替代。安全的超文本传输协议（hypertext transfer protocol secure，HTTPS）是以安全为目标的HTTP通道，在HTTP的基础上通过传输加密和身份认证保证了传输过程的安全性。HTTPS在HTTP的基础上加入SSL层，HTTPS的安全基础是SSL，因此加密的详细内容就需要SSL。HTTPS存在不同于HTTP的默认端口及一个加密/身份验证层（在HTTP与TCP之间）。这个系统提供了身份验证与加密通信方法。它被广泛用于万维网上安全敏感的通信，例如交易支付等方面。

SSL（secure socket layer）安全套接层是Netscape公司率先采用的网络安全协议。它是在传输通信协议（TCP/IP）上实现的一种安全协议，采用公开密钥技术。SSL广泛支持各种类型的网络，同时提供三种基本的安全服务，它们都使用公开密钥技术。

什么是SSL？

为了简化并更好地理解协议相关知识，下面主要以HTTP协议向读者介绍。

## （5）HTTP的访问过程

如下图所示，以访问某网站为例，介绍使用HTTP协议的访问过程。

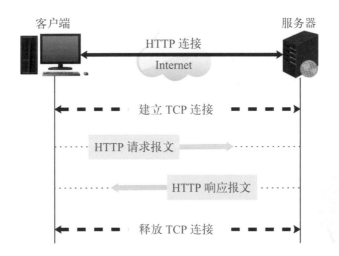

**步骤 01** 用户打开浏览器输入网址后，按回车键，浏览器分析超链接指向页面的 URL。

**步骤 02** 浏览器向DNS请求，通过域名解析对方IP地址。

**步骤 03** 域名系统DNS通过递归或迭代查询，解析出Web服务器的IP地址。

**步骤 04** 浏览器与服务器建立TCP连接。

**步骤 05** 浏览器发出取文件命令，并将所需要的数据及参数一并发送给服务器。

**步骤 06** 服务器根据请求计算并调配资源，给出响应，把所需数据发给浏览器。

**步骤 07** TCP连接释放。

**步骤 08** 浏览器显示用户所需网页的内容。

有一些网站出于安全性的考虑，在用户访问时会验证用户发的访问请求、访问指纹信息。如果设置的必须通过域名访问，而用户直接使用IP地址访问，则不会给予响应。所以虽然浏览器访问也需要进行IP地址的解析，但非域名访问也是不行的。

为什么减少分区可以提高硬盘的性能。

## （6）HTTP报文结构

HTTP报文分为客户发起的"请求报文"以及服务器的"响应报文"。

① 请求报文　请求报文主要包含"开始行""首部行""实体主体"三部分。

如下页左图所示，"方法"就是对所请求的对象进行的操作，这些方法实际上也就是一些命令。因此请求报文的类型是由它所采用的方法决定的。"URL"是所请求的资源的URL。"版本"是指HTTP的版本。对象包括了：OPTION，请求一些选项的信息；GET，请求读取由URL所标志的信息；HEAD，请求读取由URL所标志的信息的首部；POST，给服务器添加信息（例如注释）；PUT，在指明的URL下存储一个文档；DELETE，删除指明的URL所标志的资源；TRACE，用来进行环回测试的请求报文；CONNECT，用于代理服务器。

② 响应报文　其中包括了HTTP的版本、状态码，以及解释状态码的简单短语，如下右图所示。状态码中，1xx表示通知信息，如请求收到了或正在进行处理。2xx表示成功，如接受或知道了。3xx表示重定向，表示要完成请求还必须采取进一步的行动。4xx表示客户的差错，如请求中有错误的语法或不能完成。5xx表示服务器的差错，如服务器失效无法完成请求。

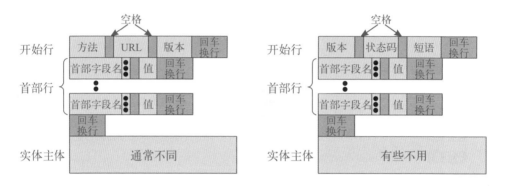

### （7）网页代理服务器

如下图所示，网页代理服务器又称为万维网高速缓存，它代替本地客户端的浏览器发出HTTP请求，到网页服务器中获取资源，并将资源存放在缓存中，然后将资源转发给本地客户端的浏览器。当下一次客户端的访问的资源与缓存中存放的资源相同时，代理服务器就会直接将资源发送给请求的客户端，而不需要按URL的地址再去因特网访问该资源。这样可以加快访问速度，并节约了主干的带宽。这在局域网中，价值更为明显。

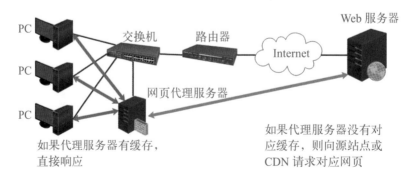

在这个过程中，局域网中的PC主机与代理服务器建立TCP连接，并发出HTTP请求报文。如果代理服务器的高速缓存存放了请求的对象，则将对象放入HTTP响应报

文中，返回到对应的请求主机的应用层，也就是浏览器，用户就可以看到页面了。

如果缓存中没有对应的资源，代理服务器会像第一次一样，代替用户与对应的Web网站的服务器建立TCP连接，并发送HTTP请求报文，服务器将请求对象放置HTTP响应报文并返回给代理服务器。代理服务器收到后，会保存一份副本在本地存储中，然后将对象放入HTTP响应报文中，返回给请求的PC计算机。

如果缓存中没有对应的资源，代理服务器又该怎么办？

**知识拓展**

### 互联网网页代理

日常使用网页代理服务器，其不一定局限在内网中，有些互联网的服务器也提供网页代理功能。用户只要配置好代理服务器的IP地址和代理端口号，即可将网页请求发送给该服务器。服务器和本地主机会协商两者之间的通信协议等内容，以增加安全性。最终代理服务器将资源返回给访问端。整个过程对于用户来说都是透明的。

## （8）CDN服务器

出于成本考虑，一般的大型互联网服务商都会选择在3个地方，最多建立5个数据中心。而全国这么大，用户遍布各个位置，如何做到全国性的负载均衡呢？这里就要使用CDN了。其实在访问某些网页时，所访问到的不全是主服务器，而是CDN服务器。

CDN（content delivery network），即内容分发网络。CDN是构建在现有网络基础之上的智能虚拟网络，依靠部署在各地的边缘服务器，通过中心平台的负载均衡、内容分发、调度等功能模块，使用户就近获取所需内容，降低网络拥塞，提高用户访问响应速度和命中率。CDN的关键技术主要有内容存储和分发技术。

**知识拓展**

### 内容存储与内容分发

这些技术缓存了源网站的静态网页的元素，如图片、音乐、html网页等不变的内容。CDN的负载均衡服务器会通过计算，分配给用户最快的CDN服务器缓存节点，用户访问这些节点，速度会非常快，尤其是跨运营商的访问尤为明显。CDN的作用除了加速访问服务器资源外，还可以隐藏源服务器的IP，具有一定的安全作用。

如下图所示，很多实际的网页访问，用户访问的不是源网站，而是通过网络技术手段，访问到网络分配的最优的缓存服务器。所以CDN是一套完整的方案，目的就是让用户更加快速地访问网站的各种资源。现在大部分门户网站应用的都是这种技术。一些非常大的互联网业务提供商，如腾讯、阿里、百度，在全国范围内架设CDN服务器网络，如阿里在全国有2300以上的节点。

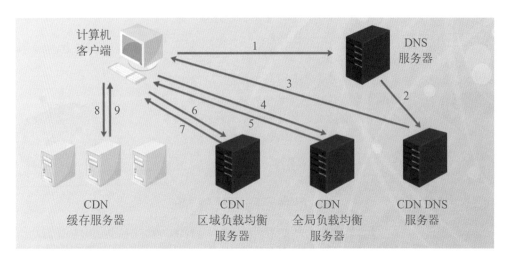

CDN的工作过程如下：

步骤 01 在浏览器中，用户单击网址链接后，会交给DNS解析目标的IP地址。

步骤 02 DNS经过查询，会将解析权限交给CDN专用DNS服务器。

步骤 03 CDN的DNS服务器将CDN的全局负载均衡设备IP地址返回用户。

步骤 04 用户向CDN的全局负载均衡设备发起内容URL访问请求。

步骤 05 CDN全局负载均衡设备根据用户IP地址，以及用户请求的内容URL，选择一台用户所属区域的区域负载均衡设备，告诉用户向这台设备发起请求。

步骤 06 用户向该设备发送内容URL访问请求。

步骤 07 区域负载均衡设备会为用户选择一台合适的缓存服务器提供服务，并告知用户。用户向缓存服务器发送URL访问请求。

步骤 08 缓存服务器响应用户请求，将用户所需内容传送到用户终端，此时完成访问过程。

如果这台缓存服务器上并没有用户想要的内容，而区域均衡设备依然将它分配给了用户，那么这台服务器就要向它的上一级缓存服务器请求内容，直至追溯到网站的源服务器，同样保存返回的资源后，将最终内容发送到访问端。

如果CDN缓存服务器没有所需资源怎么办？

## ▶ 6.3.2 电子邮件服务

在即时交流软件出现前，人们最常使用的就是电子邮件进行各种交流活动。

## （1）电子邮件简介

电子邮件（e-mail）是因特网上使用最多并最受用户欢迎的应用之一。电子邮件把信息、文件等以邮件的形式发送到收件人的邮件服务器，并放在其中的收件人邮箱中，收件人可随时登录邮箱进行电子邮件的读取。电子邮件不仅使用方便，而且还具有信息传递迅速和费用低廉的优点。现在电子邮件不仅可传送文字信息，而且还可附上声音和图像作为附件发送给对方。电子邮件系统规定电子邮件地址的格式如下所述。

收件人邮箱名@邮箱所在主机的域名，如testmail@163.com，其中，testmail相当于用户账号，在该邮件服务器范畴内不能重复。邮箱所在主机域名，必须是FQDN名称。

## （2）电子邮件系统的协议及工作过程

电子邮件系统中，使用了很多协议，常见的包括发送邮件的协议，如SMTP等，以及读取邮件的协议，如POP3和IMAP等。其工作流程下：

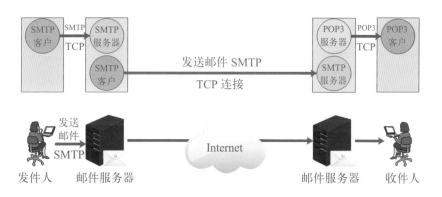

上图中，发件人和收件人使用的是用户客户端程序，用来与电子邮件系统连接，用来撰写、显示、处理和通信使用的。邮件服务器的功能是发送和接收邮件，同时还要向发信人报告邮件传送的情况（已交付、被拒绝、丢失等）。邮件服务器需要使用发送和读取两个不同的协议。一个邮件服务器既可以作为客户，也可以作为服务器。整个邮件的传输过程如下：

**步骤 01** 发件人调用PC机中的邮件用户代理程序撰写和编辑要发送的邮件。

**步骤 02** 发件人的用户代理程序把邮件用SMTP协议发给发送方的邮件服务器。

**步骤 03** 邮件服务器把邮件临时存放在邮件缓存队列中，等待发送。

**步骤 04** 发送方邮件服务器的SMTP程序与接收方邮件服务器的SMTP服务器建立TCP连接，然后把邮件缓存队列中的邮件依次发送出去。

**步骤 05** 运行在接收方邮件服务器中的SMTP服务器进程收到邮件后，把邮件放入收件人的用户邮箱中，等待收件人进行读取。

**步骤 06** 收件人在打算收信时，同样运行PC机中的用户邮件代理，使用POP3（或IMAP）协议读取所有发送给自己的邮件。

从逻辑上来说是的，用户通过网页服务连接到邮件服务器，验证后，通过服务器提供的网页界面来撰写并发送邮件。其实网页使用了服务器提供的接口，接口也允许用户使用其他客户端或软件连接。

现在都是使用网页发送的邮件，也是这个过程吗？

### （3）SMTP协议

SMTP是一种提供可靠且有效的电子邮件传输的协议。SMTP是建立在FTP文件传输服务上的一种邮件服务，主要用于系统之间的邮件信息传递，并提供有关来信的通知。SMTP可实现相同网络处理进程之间的邮件传输，也可通过中继器或网关实现某处理进程与其他网络之间的邮件传输。SMTP协议使用25号端口。

### （4）POP3协议

POP3，全名为"Post Office Protocol - Version 3"，即"邮局协议版本3"，是TCP/IP协议族中的一员，由RFC1939定义。协议主要用于支持使用客户端远程管理在服务器上的电子邮件。提供了SSL加密的POP3协议被称为POP3S。POP协议支持"离线"邮件处理。

### （5）IMAP协议

IMAP（internet mail access protocol，因特网信息访问协议）以前称作交互邮件访问协议，是一个应用层协议。它的主要作用是邮件客户端可以通过这种协议从邮件服务器上获取邮件的信息、下载邮件等。IMAP协议运行在TCP/IP协议之上，使用的端口是143。它与POP3协议的主要区别是用户可以不用把所有的邮件全部下载，可以通过客户端直接对服务器上的邮件进行操作。

IMAP最大的好处就是用户可以在不同的地方使用不同的终端随时上网阅读和处理自己的邮件。IMAP还允许收件人只读取邮件中的某一个部分，例如可以先下载邮件的正文部分，待以后有时间再读取或下载体积较大的附件。缺点是如果用户没有将邮件复制到自己的终端上，则邮件一直是存放在IMAP服务器上，因此用户需要经常与IMAP服务器建立连接。

邮件发送到服务器后，客户端调用邮件客户机程序连接服务器，并下载所有未阅读的电子邮件。这种离线访问模式是一种存储转发服务，POP3默认端口号是110，使用TCP传输。

POP3工作过程是什么样的？

## 专题拓展

# Telnet 的使用

Windows中默认带有Telnet的客户端程序，但并未安装和启动，用户可以通过"Windows"功能来安装，下面介绍在Windows中安装及使用Telnet的方法。

**步骤 01** 在系统中搜索关键字"启用或关闭Windows功能"，单击"打开"按钮，如下左图所示。

**步骤 02** 找到并勾选"Telnet客户端"复选框，单击"确定"按钮，如下右图所示。

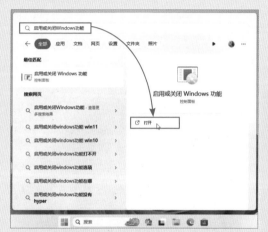 

**步骤 03** 完成后单击"关闭"按钮，关闭功能界面，如下左图所示。

**步骤 04** 进入到命令提示符界面，使用"telnet /?"来查看该命令的使用方法，如下右图所示。

**步骤 05** 在服务器中使用命令安装好Telnet服务端程序，如下左图所示。

**步骤 06** 在Linux中也可以使用命令安装Telnet客户端程序，如在发行版本的Ubuntu中使用命令安装，如下右图所示。

**步骤 07** 在Windows中进入到命令提示符界面中，使用"telnet IP"来连接远程服务器，如下左图所示。

**步骤 08** 按提示输入服务器上的用户名及密码，回车后进行验证，如下右图所示。

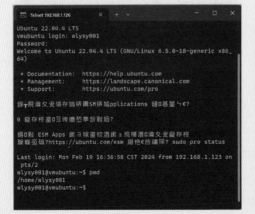

**步骤 09** 验证通过，则会弹出终端窗口界面，可以执行各种命令，如下左图所示。

**步骤 10** 完成后使用"exit"命令就可以退出telnet环境，如下右图所示。

第 **7** 章

# 空中信使——
# 无线网络

无线技术　　　　无线局域网

**本章重点难点**　　无线网络常见设备

随着网络的发展，无线技术的发展更加迅猛，随着新技术的应用，无线终端、智能家居的发展加上无线网络的多种优势，无线网络有赶超有线网络的趋势。无线网络摆脱了有线的束缚，就像空中的信使，在无线终端之间快速传递着数据信息。那么无线网络有哪些技术、有哪些优点、有哪些新设备等，本章将向读者介绍无线局域网的相关知识。

# 首先，在学习本章内容前，
# 先来几个问题热热身。

无线网络以其高灵活性、可移动性、安装便捷、易于规划调整、维护边界、易于扩展等特点，迅速普及开来。

## 热身问题

**初级：**常见的无线路由器使用的频率包括哪两种？

**中级：**无线局域网有哪些类型？

**高级：**无线局域网的常见结构有哪些？

## 参考答案

**初级：**包括2.4GHz和5GHz两种。

**中级：**包括无线广域网、无线城域网、无线局域网、无线个人局域网。

**高级：**常见的结构有对等网、基础结构网络、桥接网络、Mesh网等。

本章就将向读者介绍常见的无线网络技术、无线局域网以及常见的各种无线设备。

# 7.1 无线网络

无线网络的出现，彻底改变了人们的生活和工作方式。它将人们从烦琐的布线工作中解放出来，使设备的连接更加便捷灵活。同时，无线网络也为人们提供了更加丰富多彩的应用场景，从家庭娱乐到办公协作，再到万物互联，无线网络的身影无处不在。

## 7.1.1 无线网络简介

无线网络指的是无需布置有线介质（电缆、光纤），利用无线技术就能实现各种网络设备互连及传输数据的网络。

无线的载体主要有三种：无线电、微波以及红外线。目前无线局域网已经遍及生活的各个角落：家庭、学校、办公楼、体育场、图书馆等。随着科技的不断发展，无线网络技术也将不断进步。未来，无线网络将会更加高速、稳定、安全，并能够覆盖更加广泛的区域，为人们提供更加优质的网络体验。

 无线还可以解决一些有线技术难以覆盖或者布置有线线路成本过高的地方，如山区、河流、湖泊以及一些危险区域。

## 7.1.2 无线网络的类型

根据网络覆盖范围的不同，可以将无线网络分为以下四种：

### （1）无线广域网

无线广域网（WWAN，wireless wide area network）是基于移动通信基础设施，由大型网络运营商所经营，负责一个城市所有区域甚至一个国家所有区域范围的通信服务。其目的是让分布较远的各类型的局域网互连。目前典型的WWAN有卫星通信网络、蜂窝移动通信（2G/3G/4G/5G）等系统。用户能使用笔记本计算机、智能手机等无线终端设备在覆盖范围内灵活接入网络，进而共享资源、传输数据及访问因特网。

### （2）无线城域网

无线城域网（WMAN，wireless metropolitan area network）技术是由宽带无线接入的需求而产生的。无线城域网是指在地域上覆盖城市及其郊区范围，在分布节点之间传输信息的无线网络，能实现语音、数据、图像、多媒体、IP等多业务的接入服务。其覆盖范围的典型值为3~5km，点到点链路的覆盖可以高达几十千米，可以提供支持QoS的能力和具有一定范围移动性的共享接入能力。MMDS、LMDS和WiMAX等技术属于城域网范畴。WMAN传输速率接近无线局域网的水平，而且突出了移动性、高效切换等功能特点。

### （3）无线局域网

无线局域网（WLAN，wireless local area network）是一个负责在短距离范围之内实现无线通信接入功能的网络。现在的无线局域网络主要以IEEE组织的IEEE 802.11技术标准为基础。无线广域网和无线局域网并不是完全互相独立，它们可以结合起来并提供更加强大的无线网络服务，无线局域网可以让接入用户分享到局域网之内的资源和数据信息，而通过无线广域网就可以让接入用户接入到Internet。

无线局域网可分为有固定基础设施和无固定基础设施两大类，固定基础设施指预先建立且能覆盖一定范围的固定基站。无固定基础设施的WLAN称作自组织网络，它由一些彼此平等的移动站之间相互通信组成临时网络，无需预先建立的固定基础设施（基站）。自组织网络的服务范围通常受到一定限制，且一般不和外界其他网络相连。

### （4）无线个人局域网

WPAN（WPAN，wireless personal area network）是一种采用无线连接的个人局域网，除了基于蓝牙技术的802.15之外，IEEE还推荐了其他两个类型：低频率的802.15.4（TG4，也被称为ZigBee）和高频率的802.15.3（TG3，也被称为超波段或UWB）。

无线个人局域网是为了实现活动半径小、业务类型丰富、面向特定群体、无线无缝的连接而提出的新兴无线通信网络技术。

无线个人局域网主要有哪些应用？

## ▶ 7.1.3　无线网络的优势

相对于有线网络经常受到布线的限制，改造工程量大、线路容易损坏、网络节点不可移动、出现问题后检查电缆光缆非常费时间、成本较高，无线网络可以轻松解决这些问题。无线网络的优势就在于建网容易、使用灵活、经济节约、易于扩展、受自然环境、地形及灾害影响小。

## ▶ 7.1.4 无线网络的介质和技术

无线网络可以使用的介质有无线电、微波和红外线。现在可见光也可以进行无线传输。无线网络使用的技术非常多。如经常使用的蓝牙技术、3G、4G、5G技术，以及WLAN使用的Wi-Fi技术等。因为无线网络的范围太大，专业性也比较强，下面以最常使用的无线局域网向读者介绍其中的知识。

# ▶ 7.2 无线局域网

无线局域网是用户日常接触最多的一种无线网络，下面介绍下无线局域网的相关知识。

## ▶ 7.2.1 无线局域网简介

无线局域网是局域网的一种，它不使用任何导线或传输电缆连接，而是使用无线电波或电场与磁场作为数据传送的介质，传送距离一般只有几十米。无线局域网的主干网络通常使用有线电缆，无线局域网用户通过一个或多个无线接入点（AP）接入无线局域网，从而使网络的构建和终端的移动更加灵活。

## ▶ 7.2.2 无线网络的技术标准

在无线局域网中，主要使用以下几种技术标准。

### （1）802.11标准

IEEE802.11无线局域网标准的制订是无线网络技术发展的一个里程碑，在该标准的指导下，研发出了现在最为流行的无线技术，该技术的品牌就是常说的Wi-Fi。802.11标准颁布，使得无线局域网在各种有移动要求的环境中被广泛接受。它是无线局域网目前最常用的传输协议，各个公司都有基于该标准的无线产品。

知识拓展    **802.11 标准**

802.11标准是1997年IEEE最初制定的一个WLAN标准，工作在2.4GHz开放频段，支持1Mbit/s和2Mbit/s的数据传输速率，定义了物理层和MAC层规范，允许无线局域网及无线设备制造商建立互操作网络设备。

### （2）蓝牙

蓝牙是一种近距离无线数字通信的技术标准，传输距离为0.1～10m，通过增加发射功率可达到100m。蓝牙比802.11更具移动性，比如802.11限制在办公室和校园内，而蓝牙却能把一个设备连接到局域网和广域网，甚至支持全球漫游。此外，蓝牙成本低、体积小，可用于更多的设备。蓝牙最大的优势还在于更新网络骨干时，如果搭配蓝牙架构进行，使用整体网络的成本比铺设线缆低。

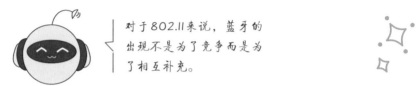

对于802.11来说，蓝牙的出现不是为了竞争而是为了相互补充。

### （3）HomeRF

HomeRF主要为家庭网络设计，是IEEE802.11与数字无绳电话标准的结合，旨在降低语音数据成本。HomeRF也采用了扩频技术，工作在2.1GHz频带，能同步支持4条高质量语音信道。

### （4）HIPERLAN

HIPERLAN 1推出时，数据速率较低，没有被人们重视。2000年，HIPERLAN 2标准制定完成，HIPERLAN 2标准的最高数据速率为54Mbit/s，HIPERLAN 2标准详细定义了WLAN的检测功能和转换信令，用以支持更多无线网络，支持动态频率选择、无线信元转换、链路自适应、多束天线和功率控制等。该标准在WLAN性能、安全性、服务质量QOS等方面也给出了一些定义。

---

**知识拓展**

**局域网的安全性**

对于家庭用户、公共场景安全性要求不高的用户，使用VLAN隔离、MAC地址过滤、服务区域认证、密码访问控制和无线静态加密技术，都可以满足其安全性需求。但对于公共场景中安全性要求较高的用户，需要将有线网络中的一些安全机制引进到Wi-Fi中，在无线接入点AP（access point）实现复杂的加密解密算法，通过无线接入控制器AC，利用PPPoE或者DHCP+WEB认证方式对用户进行第二次合法认证，对用户的业务流实行实时监控。

---

## ▶ 7.2.3　无线局域网的结构

无线局域网按照逻辑结构，共分为以下几种。

### （1）对等网络

对等网由一组有无线网卡的计算机组成，这些计算机有相同的工作组名、ESSID

和密码等，以对等的方式相互直接连接，在WLAN的覆盖范围之内，进行点对点或点对多点之间的通信，如下图所示。这种组网模式不需要固定的设施，只需要在每台计算机中安装无线网卡就可以实现，因此非常适用于一些临时网络的组建以及终端数量不多的网络中。

## （2）基础结构网络

在基础结构网络中，具有无线网卡的无线终端以无线接入点为中心，通过无线接入点联网及接入Internet，如下图所示。无线接入点可以将无线局域网与有线网络连接起来，构建多种复杂的无线局域网接入模式，实现无线移动办公的接入。任意站点之间的通信都需要使用无线接入点转发，终端也使用无线接入点接入Internet。

包括了无线网桥、无线接入网关、无线接入控制器和无线接入服务器等。

无线接入点的形式有哪些？

### （3）桥接网络

桥接网络也可以叫做混合模式，在该种模式中，无线接入点和节点1之间使用了基础结构的网络，而节点2通过节点1连接无线接入点，如下图所示。

无线 AP                节点 1               节点 2

### （4）Mesh网络

Mesh网络即"无线网格网络"，是一种"多跳"网络，其实也属于蜂窝网络的一种，由对等网发展而来。Mesh网络中的每一个节点都是可移动的，并且能以任意方式动态地保持与其他节点的连接。在网络演进的过程中，无线网络是一个不可缺的技术，无线Mesh能够与其他网络协同通信，形成一个动态的、可不断扩展的网络架构，并且在任意的两个设备之间均可保持无线互连。

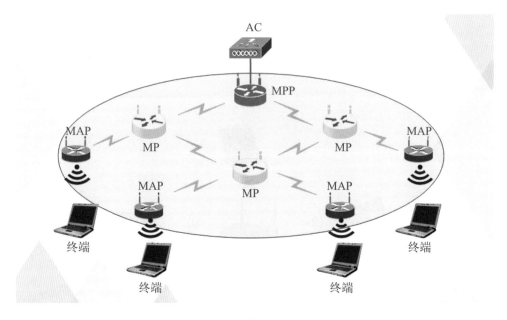

如上图所示，Mesh网包括：无线控制器（access controller，AC），控制和管理WLAN内所有的AP；Mesh入口节点（mesh portal point，MPP），通过有线与AC连接的无线接入点；Mesh接入点（mesh access point，MAP），同时提供Mesh服务和接入服务的无线接入点；Mesh点（mesh point，MP）通过无线与MPP连接，但是不接入无线终端的无线接入点。

## Mesh 组网的特点

Mesh组网的主要特点有以下几种：

- Mesh组网就是为了解决单一无线路由器无法覆盖到全部的范围，而采用的一种新型的组网技术，可以很轻松地达到无线覆盖。
- Mesh组网是一种多跳技术，让用户的Wi-Fi设备机智地跳到一个最合适的天线上。
- Mesh之间一般支持有线/无线组阵列。
- 采用Mesh之间无线回程的时候，会拿出专属信道做Mesh间的联络，极限情况会损失1/2的信道带宽来进行路由器之间的内部通信。所以当多个Mesh用无线回程级联几次以后，前后传输速度会差非常大。
- Mesh和AC+AP，一个是多跳网络，一个是天线管理。

Mesh路由器标配三个发射频段：一个2.4GHz频段和两个5GHz频段，Mesh组网使用5GHz高频段160M做无线接入点之间的高速数据流传输，而5GHz低频段80M以及2.4GHz频段则用来进行无线接入点与终端中速覆盖数据传输。

中继连接虽然能够统一SSID名称，但是设备无法智能切换到最佳信号源，网络质量容易衰退。桥接时SSID名称不能统一，切换Wi-Fi时需要断开重新连接。有线拓展AP必须在装修布线的时候就考虑好，无法后期拓展，但Mesh网络可以有效解决这些问题。

Mesh组网解决了传统组网的哪些弊端？

Mesh组网的优势有：

- **部署简便**：Mesh网络的设计目标就是将有线和无线接入点的数量降至最低，因此大大降低了总体拥有成本和安装时间。
- **稳定性强**：Mesh网络比单跳网络更加健壮，因为它不依赖于某一个单一节点的性能。
- **结构灵活**：在多跳网络中，设备可以通过不同的节点同时连接到网络。
- **超高带宽**：一个节点不仅能传送和接收信息，还能充当路由器对其附近节点转发信息，随着更多节点的相互连接和可能的路径数量的增加，总的带宽也大大增加。

## ▶7.2.4　无线局域网的优点

与有线局域网相比，无线局域网有以下优点：

### （1）灵活性和移动性

在有线网络中，网络设备的安放位置受网络位置的限制，而无线局域网在无线信号覆盖区域内的任何一个位置都可以接入网络。无线局域网另一个优点在于其移动性，连接到无线局域网的用户可以在移动的同时与网络保持连接。

### （2）安装便捷

无线局域网可以免去或最大程度地减少网络布线的工作量，一般只要安装一个或多个接入点设备，就可覆盖整个接入区域。

### （3）易于进行网络规划和调整

对于有线网络来说，办公地点或网络拓扑的改变通常意味着重新建网。重新布线是一个昂贵、费时、浪费和琐碎的过程，无线局域网可以避免或减少以上情况的发生。

### （4）故障定位容易

有线网络一旦出现物理故障，尤其是由于线路连接不良而造成的网络中断，往往很难查明，而且检修线路需要付出很大的代价。无线网络则很容易定位故障，只需更换故障设备即可恢复网络连接。

### （5）易于扩展

无线局域网有多种配置方式，可以很快从只有几个用户的小型局域网扩展到上千用户的大型网络，并且能够提供节点间"漫游"等有线网络无法实现的特性。

**知识拓展**　　　　　**无线局域网的缺点**

由于无线局域网有以上诸多优点，因此其发展十分迅速。但是，事情都有两面性，无线技术也有其固有的缺点：

● 性能：无线局域网是依靠无线电波进行传输的。这些电波通过无线发射装置进行发射，而建筑物、车辆、树木和其他障碍物都可能阻碍电磁波的传输，会影响网络的性能。

● 速率：无线信道的传输速率受很多因素影响，与有线信道相比要稍低，另外延时和丢包问题一直是困扰无线网络的因素。

● 安全性：本质上无线电波不要求建立物理的连接通道，无线信号是发散的。从理论上讲，很容易监听到无线电波广播范围内的任何信号，造成通信信息泄漏。

## ▶ 7.3 Wi-Fi 技术

Wi-Fi是Wi-Fi联盟制造商的商标，作为产品的品牌认证，是一个创建于IEEE 802.11标准的无线局域网技术。基于两套系统的密切相关，也常有人把Wi-Fi当作

IEEE 802.11标准的同义术语。但是其实并不是每种匹配IEEE 802.11的产品都会申请Wi-Fi联盟的认证，相对地，缺少Wi-Fi认证的产品并不一定意味着不兼容Wi-Fi设备。

## ▶ 7.3.1 Wi-Fi与无线局域网

有人觉得Wi-Fi就是WLAN（无线局域网），其实两者是有区别的。Wi-Fi是一种可以将个人电脑、手持设备（如PDA、手机）等终端以无线方式互相连接的技术。Wi-Fi技术与蓝牙技术一样，同属于在办公室和家庭中使用的短距离无线技术的一种。而WLAN是工作于2.5GHz或5GHz频段，以无线方式构成的局域网，简称无线局域网。

从包含关系上来说，Wi-Fi属于WLAN的一个技术标准，Wi-Fi包含于WLAN中，属于采用WLAN协议中的一项新技术。Wi-Fi的覆盖范围则可达300英尺左右（约合90m），WLAN最大（加装天线）可以扩展到5000m。Wi-Fi无线上网比较适合比如智能手机、平板电脑等智能小型无线终端产品。

## ▶ 7.3.2 Wi-Fi的版本

随着最新的802.11 ax标准发布，新的Wi-Fi标准名称也将定义为Wi-Fi 6，是第六代Wi-Fi标准了。基于IEEE 802.11系列的WLAN标准已包括共21个标准，其中802.11a、802.11b、802.11g、802.11n、802.11ac和802.11ax最具代表性。Wi-Fi联盟将原来的802.11 a/b/g/n/ac之后的ax标准定义为Wi-Fi 6，从而也可以将之前的802.11 a/b/g/n/ac依次追加为Wi-Fi1/2/3/4/5。2.4GHz频段支持标准802.11b/g/n/ax，5GHz频段支持标准802.11a/n/ac/ax，由此可见，802.11n/ax同时工作在2.4GHz和5GHz频段，所以这两个标准是兼容双频工作。各标准的有关数据，参见下表。

| 协议 | 使用频率 | 兼容性 | 理论最高速率 | 实际速率 |
|---|---|---|---|---|
| 802.11a | 5GHz | | 54 Mbps | 22 Mbps |
| 802.11b | 2.4GHz | | 11 Mbps | 5 Mbps |
| 802.11g | 2.4GHz | 兼容b | 54 Mbps | 22 Mbps |
| 802.11n | 2.4GHz/5GHz | 兼容a/b/g | 600 Mbps | 100 Mbps |
| 802.11ac W1 | 5GHz | 兼容a/n | 1.3 Gbps | 800 Mbps |
| 802.11ac W2 | 5GHz | 兼容a/b/g/n | 3.47 Gbps | 2.2 Gbps |
| 802.11ax | 2.4GHz/5GHz | | 9.6Gbps | |

## ▶ 7.3.3 Wi-Fi 6新特性

IEEE 802.11工作组从2014年开始研发新的无线接入标准802.11ax，并于2019年正式发布，是IEEE 802.11无线局域网标准的最新版本，提供了对之前的网络标准的兼容，也包括现在主流使用的802.11ac。电气电子工程师学会为其定义的名称为IEEE 802.11ax，负责商业认证的Wi-Fi联盟为方便宣传而称作Wi-Fi 6，其新特性有：

- **速度**：Wi-Fi 6在160MHz信道宽度下，单流最快速率为1201Mbit/s，理论最大数据吞吐量9.6Gbps。
- **续航**：这里的续航针对连接上Wi-Fi 6路由器的终端。Wi-Fi 6采用TWT（目标唤醒时间），路由器可以统一调度无线终端休眠和数据传输的时间，不仅可以唤醒协调无线终端发送、接收数据的时机，减少多设备无序竞争信道的情况，还可以将无线终端分组到不同的TWT周期，增加睡眠时间，提高设备电池寿命。
- **延迟**：Wi-Fi 6平均延迟降低为20ms，Wi-Fi 5平均延迟是30ms。

购买了Wi-Fi 6路由器，就可以组成Wi-Fi 6网络了吗？

当然不是，通信是双向的，除了路由器外，终端也要支持Wi-Fi 6才能达到高速的数据传输。而且该速度也仅限于该无线网络中的设备间通信的速度，访问Internet的速度还与运营商有关系。另外无线的速度和很多因素有关，大部分情况无法达到所宣称的最大速度。

## ▶ 7.3.4  Wi-Fi安全

Wi-Fi在安全性方面不断进行改进，使用比较多的Wi-Fi认证及加密技术有WEP、WPA/WPA2、WPA-PSK/WPA2-PSK、WPA3等。

### （1）WEP

WEP是一种老式的加密方式，由于其安全性能存在众多弱点，很容易被专业人士攻破，而且加密的效率低，会影响无线网络设备的传输速率。

### （2）WPA/WPA2

WPA/WPA2是一种安全的加密类型，不过由于此加密类型需要安装Radius服务器，因此一般普通用户都用不到，只有企业用户为了无线加密更安全才会使用此种加密方式，在设备连接Wi-Fi时需要Radius服务器认证，而且还需要输入Radius密码。

### （3）WPA-PSK/WPA2-PSK

WPA-PSK/WPA2-PSK是现在最为普遍的加密类型，这种加密类型安全性能高，而且设置也相当简单。WPA-PSK/WPA2-PSK数据加密算法主要有两种，包括TKIP和AES。其中TKIP（temporal key integrity protocol，临时密钥完整性协议）是一种旧的加密标准，而AES（advanced encryption standard，高级加密标准）不仅安全性能更高，而且由于其采用的是最新技术，在无线网络传输速率上面也要比TKIP更快，推荐使用。

## （4）WPA3

WPA3（Wi-Fi protected access 3）是2018年发布的Wi-Fi新加密协议，是Wi-Fi身份验证标准WPA2技术的后续版本，主要对使用弱密码的人采取"强有力的保护"。如果密码多次输错，将锁定攻击行为，屏蔽Wi-Fi身份验证过程来防止暴力攻击。

WPA3将简化显示接口受限，甚至包括不具备显示接口的设备的安全配置流程，能够使用附近的Wi-Fi设备作为其他设备的配置面板，为物联网设备提供更好的安全性。用户将能够使用手机或平板电脑来配置另一个没有屏幕的设备（如智能锁、智能灯泡或门铃），给小型物联网设备设置密码和凭证，而不是将其开放给任何人访问和控制。

在接入开放性网络时，通过个性化数据加密增强用户隐私的安全性，这是对每个设备与路由器或接入点之间的连接进行加密的一个特征。

### 知识拓展

#### WPA3 的算法安全性

WPA3的密码算法提升至192位的CNSA等级算法，与之前的128位加密算法相比，增加了字典法暴力密码破解的难度。并使用新的握手重传方法取代WPA2的四次握手，Wi-Fi联盟将其描述为"192位安全套件"。该套件与美国国家安全系统委员会国家商用安全算法（CNSA）套件相兼容，将进一步保护政府、国防和工业等更高安全要求的Wi-Fi网络。

# ▶ 7.4 常见无线设备及参数

组建无线局域网肯定离不开无线网络设备。下面介绍常见的无线网络设备及其作用。

## ▶ 7.4.1 无线路由器

无线路由器是无线AP的一种，是无线网络的核心设备，在公司、家庭、经营性的场所等都能看到其身影。大部分的无线路由器主要起到的是代理及共享上网的作用。

### （1）无线路由器概述

路由器有寻址、转发等功能，主要在家庭和小型场所使用，一般具备有线接口和无线功能，可以连接各种有线及无线设备，起到共享上网的目的，如右图所示。而大中型企业通常使用的是AC+AP的模式来提供共享上网的功能。这是由两者的性能和使用范围所决定的。

### （2）无线路由器的功能

无线路由器的最主要功能就是共享上网了，而且有很多实用的功能可以帮助用户管理网络。

一般支持PPPOE拨号上网、LAN模式上网，以及固定IP上网。

无线路由器支持哪些Internet接入方式？

① 接口自动识别　现在的路由器配备的有线接口，包括对外的WAN口和局域网的LAN口。自动识别技术可以自动判断所连接的网线对端的网络模式，自动调整接入的方案。

② 碰一碰连接　现在的很多路由器集成了NFC功能，只要碰一碰就可以连接该路由器，如下图所示。

**知识拓展**

## NFC

近场通信（near field communication，简称NFC）是一种新兴的技术，使用了NFC技术的设备（例如移动电话）可以在彼此靠近的情况下进行数据交换，是由非接触式射频识别（RFID）及互连互通技术整合演变而来的，通过在单一芯片上集成感应式读卡器、感应式卡片和点对点通信的功能，利用移动终端实现移动支付、电子票务、门禁、移动身份识别、防伪等应用。

③ 其他功能　这点和路由器品牌和其研发的功能有关，比如常见的黑白名单及儿童模式、根据应用进行加速、配置转移的克隆技术、APP的远程管理、插件安装等功能。

### （3）无线路由器的主要参数

路由器的配置根据不同的产品，硬件配置也不同，小型局域网使用的无线路由器在挑选时需要注意以下参数

① 接口　路由器一般都具备有线接口，在光纤接入后通过光猫LAN口的网线需要连接路由器WAN口（上行）才能拨号上网，而路由器下行一般提供2~4个接口。

现在运营商的网络，一般都是100M带宽起步，所以在选购时，如果是100M的带宽，可以使用100M接口的路由器。但大于100M的带宽，必须使用1000M的路由器才能享受到全部带宽。

在挑选时，接口方面有什么注意事项？

如下图所示，现在主流的路由器基本上标配的就是全千兆口（IEEE802.3ab标准）、支持Wi-Fi 6（IEEE802.11ax标准）的路由器。如果用户仅用于共享上网，且无线终端之间不需要大规模的数据传输，可以选择Wi-Fi 5（IEEE802.11ac标准）的路由器。当然，除了接口方面，使用的线材也尽量使用6类及以上的网线（距离较近，线材质量较好的情况下，可以使用超5类网线），这样才能满足家庭千兆组网的要求。如果出现网速不达标，可以排查路由器、网卡、网线和光猫。

| 整机接口 | 1个10/100/1000M 自适应 WAN口（Auto MDI/MDIX）<br>3个10/100/1000M 自适应 LAN口（Auto MDI/MDIX） |
| --- | --- |
| LED指示灯 | 7个（SYSTEM指示灯×1、INTERNET指示灯×1、网口灯×4、AIoT状态灯×1） |
| 系统重置按键 | 1个 |
| 电源输入接口 | 1个 |
| 协议标准 | IEEE 802.11a/b/g/n/ac/ax，IEEE 802.3/3u/3ab |
| 认证标准 | GB/T9254；GB4943.1 |
| 保修信息 | 整机保修1年 |

② 双频与速度　在选购路由器时，经常看到如双频、1200M路由器等参数。双频指路由器的无线电波可以同时使用2.4GHz和5GHz两个频段传输信号，而1200M的路由器就是最大支持1200M的带宽，但其带宽1200M等于两个频段的带宽之和：300Mbps（2.4GHz）+867Mbps（5GHz）。2.4GHz的穿墙能力强，传播距离远，

带宽相对较低。而5GHz的穿墙能力弱，传播距离相对较近，但是传输数据的带宽很高。

**!注意事项 总带宽的条件**

注意，路由器虽然是支持2.4GHz和5GHz一起工作的，但其他终端设备仅能工作在其中一个频率下。所以在挑选时，要注意分别查看2.4G和5G两个频段的数据传输带宽，如下图所示。现在有些路由器提供双频合一的功能，不用区分，设备自动选择频段。

| 处理器 | IPQ8071A 4核 A53 1.4GHz CPU |
|---|---|
| 网络加速引擎 | 双核 1.7GHz NPU |
| ROM | 256MB |
| 内存 | 512MB |
| 2.4G Wi-Fi | 2×2（最高支持IEEE 802.11ax协议，理论最高速率可达574Mbps） |
| 5G Wi-Fi | 4×4（最高支持IEEE 802.11ax协议，理论最高速率可达2402Mbps） |
| 产品天线 | 外置高增益天线6根+外置AIoT天线1根 |
| 产品散热 | 自然散热 |

③ 硬件参数　普通用户感觉网络卡顿、频繁掉线，一般会归咎于运营商的问题。其实路由器本身的性能也在很大程度上影响着手机等上网终端的上网速度。现在的路由器集成度很高，所以在挑选时，需要注意以下的硬件参数：

- 路由器的运算芯片，直接影响路由器CPU的速度，主要查看主频即可。
- 内存的大小影响速度和连接的设备数量。
- 信号放大器提高了穿墙能力、传播数据时的稳定性和覆盖范围的大小。
- 天线的多少对穿墙能力、信号、带宽等，基本可以忽略不计。而应该查看多天线使用的架构和采用的多天线技术，比如常见的MIMO技术等。

**知识拓展**

MIMO

MIMO（multi input multi output，多入多出）是为了极大地提高信道容量，在发送端和接收端都使用多根天线，从而在收发之间构成多个信道的天线系统。MIMO系统的一个明显特点就是具有极高的频谱利用效率，在对现有频谱资源充分利用的基础上通过利用空间资源来获取可靠性与有效性两方面增益，其代价是增加了发送端与接收端的处理复杂度。大规模MIMO技术采用大量天线来服务数量相对较少的用户，可以有效提高频谱效率。

- 散热需要重点考虑，因为路由器在家中基本上不会关闭，所以在长时间工作后，需要考虑其散热性，否则容易造成死机。

如果路由器支持独立机械硬盘，建议选择硬盘时，选择监控级别的硬盘，在牺牲一些速度的同时，保证硬盘的发热量和稳定性。

# ▶ 7.4.2 无线AP

AP是access point的简称，就是"无线访问接入点"。无线AP是无线网和有线网之间连接的桥梁，是组建无线局域网的核心设备之一，如下图所示。在AP信号覆盖范围内的无线终端设备可以通过它进行相互通信，也可以通过AP访问Internet网络。AP在WLAN中就相当于发射基站在移动通信网络中的角色。

## （1）无线AP的主要作用

无线AP的作用主要有3个：

- **共享**：为接入到AP中的无线设备提供共享上网服务或者无线设备之间的连接及资源的共享。
- **中继**：放大接收到的无线信号，使远端设备可以接收到更强的无线信号，扩大无线局域网的覆盖范围，并为其中的无线设备提供数据传输及转发服务。
- **互联**：将两个距离较远的局域网，通过两个无线AP桥接在一起，形成一个更大的局域网。此时两台AP是同等地位，也不提供无线接入服务，只在两AP之间收发数据。这在远距离搭建局域网或进行数据传输时经常使用。

无线AP是一个包含很广的名称，它不仅包含单纯性无线接入点，也同样是无线路由器（含无线网关、无线网桥）等类设备的统称。

**知识拓展**　　　**无线 AP 与无线路由器的区别**

单纯型AP由于缺少了路由功能，相当于无线交换机，仅仅是提供一个无线信号收发功能，并在设备间进行数据交换服务。而扩展型AP就是常说的无线路由器了，可以理解成带有路由功能的AP。无线路由器的接口较多，AP一般只有一条网线接口，用来连接上级设备。胖瘦AP就是无线AP这两种状态。

## （2）胖AP与瘦AP

一般情况下无线AP分为两类：一种是扩展性AP，也叫做胖AP；另一种是单纯AP，也叫瘦AP。

① 胖AP（FAT）　除了能提供无线接入的功能外，一般同时还具备WAN口、LAN口等，功能比较全，一台设备就能实现接入、认证、路由、VPN、地址解析等，有些还具备防火墙功能，日常中见到最多的胖AP就是无线路由器。所以胖AP可以简单地理解为具有管理功能的AP。

② 瘦AP（FIT）　通俗地讲就是将胖AP进行瘦身，去掉路由、DNS、DHCP服务器等功能，仅保留无线接入的部分。瘦AP一般不能独立工作，必须配合无线控制器的管理才能成为一个完整的系统，多用于性能要求较高的场合，要实现认证一般需要认证服务器或者支持认证功能的设备配合。瘦AP硬件往往会更简单，多数充当一个被管理者的角色，因为很多业务的处理必须要在AC上完成，这样统一管理比单独管理要方便和高效很多。如大企业或校园部署无线覆盖，可能需要几百个无线AP，如果采用胖AP一个个地去设置会非常麻烦，而采用瘦AP可以统一管理及分发设置，效率会高很多。另外胖AP不能实现无线漫游，从一个覆盖区域到另一个覆盖区域需要重新认证，不能无缝切换。瘦AP从一个覆盖区域到另一个覆盖区域能自动切换，且不需要重新认证，使用较方便。

一般家庭或者小型企业，因为范围小，且终端数量较少，通常使用一个胖AP即可。而大中型企业，还有各种广场、商场、园区，因为终端数量多，覆盖面积大，常采用无线控制器+瘦AP的组合，以方便管理。并且在多AP之间可以无缝切换，无需再次认证，所有AP覆盖范围内，都可以看作是一个无线局域网环境。

这两种AP有什么具体的应用？

## （3）常见的AP样式

常见的AP样式分为以下几种。

① 吸顶式胖瘦一体AP　安装在天花板上，提供2.4G、5G两个工作频段和1个千兆接口，有些还提供管理接口，如下图所示。一般可以使用电源适配器供电，或者使用PoE交换机供电，建议使用PoE交换机供电，这样一条网线就解决了数据和电源的问题。该AP可以单独使用，或者由对应品牌的AC统一管理，通过功能调节按钮设置工作模式。挑选时，需要查看其工作频段的带宽以及带机量。

② AP胖瘦一体面板　如下图所示，是有线与无线的结合体，布置在墙上，和信息盒类似，通过网线连接到AC或者交换机，并对外提供有线及无线连接，用户可以选择无线支持AC1200以及最新的Wi-Fi 6。全千兆口，也可以调节胖瘦模式，支持PoE供电，多AP面板可以实现无缝漫游功能，通过AC可以实现瘦模式上网功能。有些面板还提供USB供电，或者提供双网口，用户可以根据需要购买。

③ 室外AP　在室外，如公园、景区、广场、学校等，使用的AP需要带机量高、覆盖范围广、抗干扰强的要求。现在的室外AP还提供智能识别、剔除弱信号设备、自动调节功率、自动选择信道、胖瘦一体、支持多个SSID号以设置不同的权限和策略等功能。在选购时，需要选择抗老化强、工业级防尘防水、稳定的散热以及长时间工作的稳定性。另外，还要考虑安装方便、供电方便的产品。有条件的用户在远距离传输时，还可以使用带有光纤接口的室外AP产品，如下图所示。

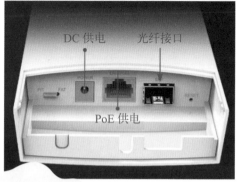

DC 供电　　　光纤接口

PoE 供电

带机量：一般而言，单频无线AP，带机量为10～25；双频无线AP，带机量在50～70；而高密度无线AP，带机量在100～140。无线规格：5G频段的无线网络体验远优于2.4G无线。供电方式：可以根据实际情况，选择DC供电，或者在供电困难的情况下选择PoE供电。面变接口规格：包括单AP、AP+有线、AP+有线USB等。

无线AP选购时需要了解哪些参数？

## ▶ 7.4.3　无线控制器

无线控制器是一种特殊网络设备，用来集中化控制无线AP，属于无线网络的核心设备，负责管理无线网络中的所有无线AP，功能包括下发、修改AP的配置、射频智能管理、接入安全控制等。

### （1）无线控制器的功能

无线控制器的功能包括：灵活的组网方式和优秀的扩展性；智能的RF管理功能，自动部署和故障恢复；集中的网络管理；强大的漫游功能支持；负载均衡；无线终端定位，快速定位故障点和入侵检测；强大的接入和安全策略控制；Qos支持，优化Wi-Fi语音及关键应用。

### （2）单无线控制器AC

单无线指的是单纯的AC控制器，如右图所示，只为了集中管理所有AP。建议挑选AC的时候，尽量和使用的AP品牌相对应，这样可以确保最大程度地兼容，而且可以实现所有的管理及AP集成的功能。

AC可以自动发现并统一管理同厂家的AP，可管理的AP根据不同设备有不同的带机量，如TL-AC10000可以管理10000个AP。如下图所示，可以采用AC旁挂组网，无需更改现有网络架构，部署方便，无需更改网络结构，直接连接到交换机即可使用。

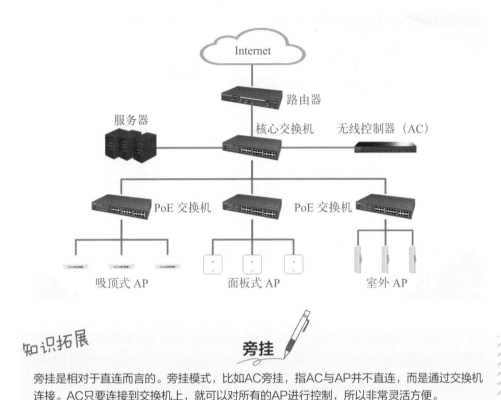

旁挂是相对于直连而言的。旁挂模式，比如AC旁挂，指AC与AP并不直连，而是通过交换机连接。AC只要连接到交换机上，就可以对所有的AP进行控制，所以非常灵活方便。

单无线AC控制器可以实现以下的功能：

- 统一配置无线网络，支持SSID与Tag VLAN映射，也就是根据SSID号划分不同VLAN。
- 支持MAC认证、Portal认证、微信连Wi-Fi等多种用户接入认证方式。
- 支持AP负载均衡，均匀分配AP连接的无线客户端数量。这在一些大的场所布置AP时经常使用。AP覆盖范围重叠时可以进行连接端的透明分流。
- 禁止弱信号客户端接入和剔除弱信号客户端。
- DHCP、自动信道调整、WPA2安全机制、AP定时重启、AP自动统一升级、AP统一配置和管理、AP批量编辑、AP分组管理等，都是经常使用的。至于AC，可以使用WEB管理、串口CLI管理、TELNET管理。

## （3）路由器一体式

如果是新的网络布设项目，同时想节约资金的话，也可以选购AC、路由器一体式的网关设备。除了可以起到正常路由器的路由、防火墙、VPN功能外，还自带AC

功能，性价比较高。如果是中小企业使用，AP较少，还可以使用PoE、AC一体化路由器，如下图的TP-LINK的TL-ER6229GPE-AC。

该设备包含1个WAN口+3个WAN/LAN口+5个LAN口，其中8个LAN口均支持PoE供电，符合IEEE802.3af/at标准，单口输出功率30W，整机功率240W。用户在使用PoE设备及PoE交换机时，一定要注意计算总功率以及查看PoE供电的标准，以防止不匹配而烧坏设备。内置的AC功能可以统一管理50台TP-LINK企业AP，实现负载均衡。

 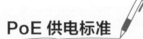

IEEE 802.3af是首个PoE供电标准，也是PoE应用的主流实现标准，可以提供15.4W的功率。IEEE802.3at应大功率终端的需求而诞生，在兼容802.3af的基础上，提供更大的供电需求，提供可达30W的功率。IEEE 802.3bt是最新的PoE标准，发布于2018年，将功率水平扩展到90W。在选择PoE供电时，一定要结合AP等设备的用电功率之和来进行选购，否则极易发生危险。

## ▶ 7.4.4　无线网桥

无线网桥就是无线网络的桥接设备，如下图所示，它利用无线传输方式实现在两个或多个网络之间搭起通信的桥梁。无线网桥从通信机制上分为电路型网桥和数据型网桥。无线网桥工作在2.4G或5.8G的免申请无线执照的频段，因而比其他有线网络设备更方便部署。

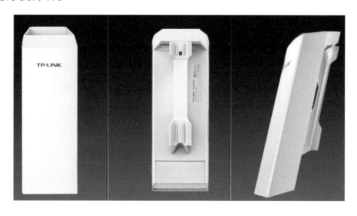

　　现在无线网桥根据不同的品牌和性能，可以实现几百米到几十公里的传输，如下图所示。很多监控使用无线网桥来进行传输，还有电梯中也可以使用，另外还可以使用无线网桥作为中继，在无法铺设光纤的情况下进行远距离传输。无线网桥可以实现一对一及多对一的传输。

　　无线网桥的主要作用就是在不容易布线的地方，架设起可以收发信号的装置，这样主网桥就能将信号通过无线传输到子网桥处，从而实现共享上网。

　　除了共享上网、传输数据外，无线网桥还用在视频监控方面以及电梯监控中，如下图所示。

　　另外，在一定范围内，可以通过无线网桥和WLAN技术等，实现大型的局域网。如果跨度过大，还可以使用无线网桥实现中继的功能，如下图所示。

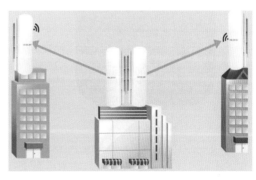

**BS与CPE**

BS就是基站的意思，经常可以在周围楼顶看到。与CPE不同，BS一般需外接天线使用。针对不同的应用场景，可接入碟形天线、扇区天线、全向天线。如使用碟形天线，进行点对点传输，距离可达30km。如果使用扇区天线，120°点对多点无线传输，距离可达5km。如使用全向天线点对多点无线传输，距离可达1km。

CPE是一种接收Wi-Fi信号的无线终端接入设备，如上图所示，可取代无线网卡等无线客户端设备。可以接收无线路由器、无线AP、无线基站等发射的无线信号，是一种新型的无线终端接入设备。同时，它也是一种将高速4G信号转换成Wi-Fi信号的设备，不过需要外接电源，可支持同时上网的移动终端数量也较多。CPE可大量应用于农村、城镇、医院、单位、工厂、小区等无线网络接入，能节省铺设有线网络的费用，与BS不同的地方就是没有天线。

## ▶ 7.4.5 无线中继器

无线中继器也叫无线放大器，但它其实并不会放大原始信号，仅仅是作为中继器，增加网络的覆盖范围，如下图所示。因为无线中继器不仅连接了上级的无线信号，还要给无线终端提供信号，所以在带宽上要降一半。其实用户使用普通的路由器，改成中继模式也可以叫无线中继器。配置简单、安装方便是其最大优势。无线名称和主路由可以保持一致，至于需要多少个，需要按照用户的户型和信号强度来决定。

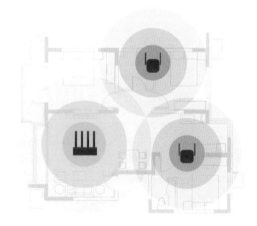

与Mesh设备不同，无线中继器属于傻瓜式的，功能简单，就是连接上级无线信号，并为无线终端提供接入。如果再有下级的话，可以像菊花链一样一直扩展。

如图中间某台中继器坏掉，下级的中继器就全部无法使用了。而且因为上下级都要连接的关系，带宽会额外消耗很多。一般家庭或小型公司使用比较多。

无线中继器有什么缺点？

## ▶ 7.4.6 无线网卡

无线网卡就是使用户的设备可以利用无线网络来上网的一个装置，但有了无线网卡也还需要可以连接的无线网络，因此就需要配合无线路由器或者无线AP使用。无线网卡的种类较多，比如笔记本自带的无线网卡，以及常见的USB无线网卡，如下图所示。

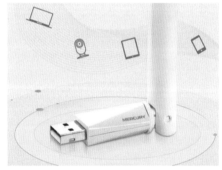

现在的新产品一般都是免驱设计的，而且除了提供无线信号接收的功能外，无线网卡还可以当作随身Wi-Fi使用。在计算机使用有线网络接入Internet后，无线网卡可以变为AP使用，非常方便。另外，还需要了解无线网卡支持的频段，如果是共享上网，那么普通的150M或300M的无线网卡基本可以满足需要。但如果要实现高速的5G频段传输，则要选择支持2.4G及5G频段的1200M千兆无线网卡，如果台式机需要安装无线网卡，可以选择PCI-E千兆无线网卡，如下图所示。

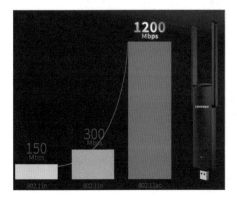
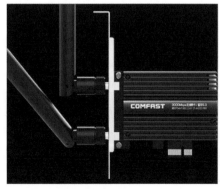

# ▸ 7.5 物联网

物联网（IoT）是指通过各种信息传感设备，按约定协议，将任何物体与网络相连接，物体通过信息传播媒介进行信息交换和通信，以实现智能化识别、定位、跟踪、监管等功能。

## ▸ 7.5.1 物联网的发展与应用

物联网的概念最早于1999年由英国学者凯文·阿什顿提出，当时他提出了"物联网"一词，并描述了利用射频识别技术将物品与互联网连接起来的概念。2005年，国际电信联盟（ITU）正式将物联网列为未来信息通信产业发展的重要战略方向。近年来，随着物联网技术的不断发展和成熟，物联网的应用范围也越来越广泛。从智能家居、智能城市到工业制造、智慧农业，物联网正在改变着人们的生产和生活方式。

物联网的应用领域非常广泛，主要包括以下几个方面。

### （1）智能家居

物联网技术可以用于打造智能家居，实现对家电、灯光、安防等设备的智能控制，为人们提供更加舒适、便捷的生活体验，例如可以通过智能家居系统远程控制家中的空调、电视、灯光等设备，还可以设置智能场景，如回家模式、离家模式等，让家居生活更加智能化，如下图所示。

### （2）智能城市

如下图所示，物联网技术可以用于建设智能城市，实现对城市交通、能源、环境等方面的智能管理，提高城市的运行效率和治理水平，例如：可以通过物联网技术采集城市交通数据，分析交通拥堵状况，并进行智能交通管理，缓解交通压力；还可以通过物联网技术监测城市环境污染情况，进行智能环境治理，改善城市环境质量。

### （3）工业制造

物联网技术可以用于改造传统的工业制造模式，实现智能制造，提高生产效率和产品质量，例如：可以通过物联网技术对生产设备进行实时监测，及时发现设备故障，并进行预测性维护，提高设备稼动率；还可以通过物联网技术采集生产数据，进行大数据分析，优化生产流程，提高生产效率。

### （4）智慧农业

物联网技术可以用于建设智慧农业，实现对农田、水肥、作物等方面的智能管理，提高农业生产效率和效益，例如：可以通过物联网技术监测土壤墒情、气象信息等，进行智能灌溉、施肥，提高农业用水效率和肥料利用率；还可通过物联网技术监测作物生长状况，及时发现病虫害，进行智能防控，提高农产品质量。

## ▶ 7.5.2　物联网的关键技术

物联网的核心技术包括感知技术、网络通信技术和数据处理技术。

### （1）感知技术

感知技术是物联网的基础，用于采集物体的各种信息，包括温度、湿度、压力、位置等。常用的感知技术如传感器、射频识别（RFID）、近场通信（NFC）等，如下图所示。

**（2）网络通信技术**

网络通信技术是物联网的关键，用于将感知到的信息传输到网络。常用的网络通信技术包括无线局域网（Wi-Fi）、蓝牙、蜂窝网络等。

**（3）数据处理技术**

数据处理技术是物联网的重要支撑，用于对采集到的信息进行分析、处理和应用。常用的数据处理技术包括云计算、大数据、人工智能等，如下图所示。

## ▶7.5.3　物联网的挑战与应对

尽管物联网具有巨大的发展潜力，但也面临着一些挑战，这是任何一项新兴技术都会遇到的，通过各种应对手段，相信互联网会迎来更大的发展前景。

**（1）物联网面临的挑战**

物联网面临的挑战主要集中在以下几个方面：

- **安全问题：** 物联网设备数量庞大，且大多部署在开放环境中，容易遭受网络攻击并有数据泄漏风险。
- **隐私问题：** 物联网设备能够采集大量的个人信息，如何保护个人隐私安全成为重要挑战。
- **标准问题：** 物联网涉及多个行业和领域，缺乏统一的技术标准和规范，制约了物联网的互联互通。

**（2）主要的应对手段**

为了应对物联网面临的挑战，需要从以下几个方面进行考虑和着手。

① 加强安全防护　加强物联网设备的安全设计和管理，提升物联网系统的安全防护能力。可以采取以下措施：

- 在物联网设备中嵌入安全芯片，提高设备的安全信任根基，如下图所示。

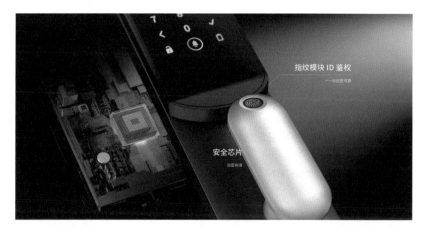

- 采用安全固件更新机制，确保物联网设备固件的安全性和完整性。
- 加强物联网设备的安全漏洞管理，及时修复安全漏洞。
- 开展物联网安全意识教育，提升用户安全意识。

② 保护个人隐私　完善相关法律法规，加强个人信息保护。可以采取以下措施：

- 制定物联网个人信息保护法律法规，明确个人信息收集、使用、存储、传输等环节的规范要求。
- 加强对物联网企业个人信息保护的监管，确保企业依法合规收集和使用个人信息。
- 提升用户个人信息保护意识，引导用户合理授权个人信息使用。

③ 推动标准化建设　加强物联网标准化研究与制定，构建统一的技术标准和规范体系。可以采取以下措施：

- 加强国际合作，积极参与国际物联网标准化组织的活动，推动国际物联网标准的制定和互认。
- 加强国内物联网标准化，制定符合我国国情和产业需求的物联网标准。
- 推动物联网标准的落地应用，促进物联网产业的健康发展。

④ 加强人才培养　加强物联网人才培养，提升物联网产业发展的人才支撑力。可采取以下措施：

- 在高校设立物联网相关专业，培养物联网领域专业人才。
- 加强对物联网在职人员的培训，提升其专业技能和水平。
- 开展物联网科普教育，提高公众对物联网的认识和理解。

## ▶ 7.5.4　物联网的未来

物联网是未来信息通信产业发展的重要趋势，具有巨大的发展潜力。随着物联网技术的不断发展和成熟，物联网将与其他新兴产业紧密融合，共同推动社会生产力的发展。

- 物联网将与人工智能、大数据等技术深度融合，推动物联网应用向更深、更广的方向发展。
- 物联网将向边缘计算、雾计算等方向发展，提升物联网系统的实时性和可靠性。
- 物联网将向低功耗、广覆盖等方向发展，推动物联网在更多领域的应用。
- 物联网将向安全、隐私保护等方向发展，构建更加安全、可信的物联网环境。

物联网的未来发展将对人们的生产和生活方式产生深刻的变革，为经济社会发展带来新的活力和动力，如下图所示。

## \\ 专题拓展 //

# 移动通信

移动通信指的是移动体之间的通信，或移动体与固定体之间的通信技术，如日常使用智能手机的通话、上网等都属于移动通信技术。而通过移动通信技术组建起来的网络，就叫做移动通信网络。

移动通信是进行无线通信的现代化技术，这种技术是电子计算机与移动互联网发展的重要成果之一。移动通信技术经过第一代、第二代、第三代、第四代技术的发展，目前已经迈入了第五代发展的时代（5G移动通信技术），这也是目前改变世界的几种主要技术之一。

### （1）移动通信的特点

移动通信的特点包括以下五种：

① 移动通信必须利用无线电波进行信息传输　这种传播媒质允许通信中的用户可以在一定范围内自由活动，其位置不受束缚，不过无线电波的传播特性一般要受到诸多因素的影响。

移动通信的运行环境十分复杂，电波不仅会随着传播距离的增加而发生弥散消耗，并且会受到地形、地物的遮蔽而发生"阴影效应"，而且信号经过多点反射，会从多条路径到达接收地点，这种多径信号的幅度、相位和到达时间都不一样，它们互相叠加会产生电平衰落和时延扩展。

移动通信常常在快速移动中进行，这不仅会引起多普勒频移，产生随机调频，而且会使得电波传输特性发生快速的随机起伏，严重影响通信质量。故移动通信系统须根据移动信道的特征，进行合理的设计。

② 通信是在复杂的干扰环境中运行的　移动通信系统是采用多信道共用技术，在一个无线小区内，同时通信者会有成百上千，基站会有多部收发信机同时在同一地点工作，会产生许多干扰信号，还有各种工业干扰和人为干扰。归纳起来有通道干扰、互调干扰、邻道干扰、多址干扰等，以及近基站强信号会压制远基站弱信号，这种现象称为"远近效应"。在移动通信中，将采用多种抗干扰、抗衰落技术措施以减少这些干扰信号的影响。

③ 移动通信业务量的需求与日俱增　移动通信可以利用的频谱资源非常有限，但如何不断地扩大移动通信系统的通信容量，始终是移动通信发展中的焦点。要解决这一难题，一方面要开辟和启动新的频段，另一方面要研究发展新技术和新措施，提高频谱利用率。因此，有限频谱合理分配和严格管理是有效利用频谱资源的前提，这是国际上和各国频谱管理机构和组织的重要职责。

④ 网络管理和控制必须有效　根据通信地区的不同需要，移动通信网络结构多种多样。为此，移动通信网络必须具备很强的管理和控制能力，如用户登记和定位，

通信（呼叫）链路的建立和拆除，信道分配和管理，通信计费、鉴权、安全和保密管理以及用户过境切换和漫游控制，等。

⑤ 移动通信设备必须适于在移动环境中使用  移动通信设备要求体积小、重量轻、省电、携带方便、操作简单、可靠耐用和维护方便，还应保证在振动、冲击、高低温环境变化等恶劣条件下能正常工作。

## （2）移动通信系统的分类

移动通信系统的种类繁多，按照使用要求和工作场合，大致可以分为以下几种：

① 集群移动通信  也称大区制移动通信。它的特点是只有一个基站，天线高度为几十米至百余米，覆盖半径为30km，发射机功率可高达200W。用户数约为几十至几百，可以是车载台，也可以是手持台。它们可以与基站通信，也可通过基站与其他移动台及市话用户通信，基站与市站有线网连接。

② 蜂窝移动通信  也称小区制移动通信。蜂窝系统是覆盖范围最广的陆地公用移动通信系统。在蜂窝系统中，覆盖区域一般被划分为类似蜂窝的多个小区。每个小区内设置固定的基站，为用户提供接入和信息转发服务。移动用户之间以及移动用户和非移动用户之间的通信均需通过基站进行。基站则一般通过有线线路连接到主要由交换机构成的骨干交换网络。蜂窝系统是一种有连接网络，一旦一个信道被分配给某个用户，通常此信道可一直被此用户使用。蜂窝系统一般用于语音通信。

③ 卫星移动通信  利用卫星转发信号也可实现移动通信，对于车载移动通信可采用赤道固定卫星，而对手持终端，采用中低轨道的多颗星座卫星较为有利。卫星通信系统的通信范围最广，可以为全球每个角落的用户提供通信服务。在此系统中，卫星起着与基站类似的功能。卫星通信系统按卫星所处位置可分为静止轨道、中轨道和低轨道3种。卫星通信系统存在成本高、传输延时大、传输带宽有限等不足。

④ 无绳电话  对于室内外慢速移动的手持终端的通信，则采用小功率、通信距离近的、轻便的无绳电话机。它们可以经过通信点与市话用户进行单向或双方向的通信。使用模拟识别信号的移动通信，称为模拟移动通信。为了增加容量，提高通信质量和增加服务功能，都使用数字识别信号，即数字移动通信。在制式上则有时分多址（TDMA）和码分多址（CDMA）两种。前者在全世界有欧洲的全球移动通信系统（global system for mobile communications，GSM）、北美的双模制式标准IS-54和日本的JDC标准。对于码分多址，则有美国Qualcomnn公司研制的IS-95标准的系统。总的趋势是数字移动通信将取代模拟移动通信。移动通信向个人通信发展，进入21世纪则成为全球信息高速公路重要组成部分。

## （3）移动通信技术的发展

移动通信技术共分为5个阶段。

① 第一代  1984年，模拟蜂窝业务建成投产，它可以在城市和城镇中不同的区域内重复使用相同的频率，不相邻区域内的频率重复使用是蜂窝增加容量的一个创

新。AT&T的贝尔实验室开发了第一代蜂窝服务技术。

② 第二代（2G）　第二代数字通信服务仍为当前全球范围内普遍采用的形式。2G业务比模拟移动业务提供的容量更多，在相同数量的频谱中，因使用了复用接入技术可承载更多的语音流量。世界最流行的两种2G空中接口是全球移动通信系统（UGSM）和码分多址系统（CDMA），采用了GSM技术及CDMA技术。

- **GSM技术：** GSM的优点在于全球范围的广泛普及。GSM是数字蜂窝通信标准，采用时分多路复用技术（TDM）。
- **CDMA技术：** CDMA技术为每个呼叫分配一个独特的代码来复用频谱，又称之为扩频技术，每个会话在发送时会被扩展到1.25MHz带宽的信道。CDMA可以以很低的成本提供语言数据业务，并可以使运营商更方便地升级到3G网络。美国的高通公司在CDMA技术的商用领域拥有着绝对的领先地位。

③ 第三代（3G）　运营商对更大的容量和为用户提供更多可产生收益的功能的需求是推动3G网络发展的主要动力。3G标准统称为IMT-2000国际移动通信标准，其中最广泛的应用是WCDMA和CDMA2000。WCDMA、TD-SCDMA、CDMA2000均为通用的3G标准。

WCDMA是大多数GSM运营商从2G升级到3G时所选择建设的3G业务。从GSM网络到WCDMA网络的最大开支是新建基站。3G网络使用更高频率的频谱，这便意味着在同样的区域里需要更多的基站才可保证网络覆盖。由于WCDMA是基于码分多址接入而不是时分接入，因此GSM网络升级到完全的3G业务还需要建设新的基础设施。

④ 第四代（4G）　4G协议的标准由国际电信联盟无线电通信组制定。WiMAX和LTE协议通常被称为4G业务。开发4G技术的一个主要目标是移动设备具有能够容纳预期移动数据传输数量的能力和使用移动网络达到宽带上网的能力。

LTE网络：LTE核心网络简称为演进的分组核心网，LTE核心网络功能分为3个功能元素，即移动管理实体、核心网的服务机关、公共数据网网关，其中核心网的服务网关和公共数据网网关负责将2G、3G的网络流量以及LTE流量发送到互联网和其他数据网络中。

第四代网络的核心技术采用了接入方式和多址方案、调制与编码技术、智能天线技术、MIMO技术、基于IP的核心网、多用户检测技术，主要的优势就是速度快、频谱宽、高质量、高效率、通信灵活、兼容性好、提供增值服务。

⑤ 第五代（5G）　5G移动通信是与4G移动通信技术相对而言的，是第四代通信技术的升级和延伸。从传输速率上来看，5G通信技术要快一些、稳定一些，在资源利用方面也会将4G通信技术的约束全面打破。同时，5G通信技术会将更多的高科技技术纳入进来，使人们的工作、生活更加便利。5G的下载速度更突出，而且网络连接也会更稳定。具体来说，5G移动通信网络的特点有五个方面：

a.关注用户体验。5G最突出的特点就是对用户体验高度重视，能够将网络的广域覆盖功能全面实现。倘若4G和3G对比，主要是速度提升，那么5G和4G进行比较，其突出之处就是范围更广阔，能够使无处不在的连接功能得以实现，也就是无论使用者人在哪里，使用的是何种设备，都能快速与网络相连。

b.低功耗。结合白皮书的规定，5G会使低功耗得以实现。4G虽然从速度与3G相比有了明显的改进，然而其使得手机电池的要求也发生了很大的变化。

c.对于通信管线设计中的现场数据，同时还需要注意在勘察终端中适当增加一定的设计数据，并将系统与GIS地图进行有效结合，发挥管线视图的功能。勘察数据表可通过系统成图，然后再通过网络数据表导出。管理人员通过对项目进行检查，即得到与GIS相连的网络视图，准确了解项目勘察进度以及质量。

d.确定生产管理系统储存管线概预算定额、管线施工所需材料的价格以及数据库，并选择适宜的计算方式对工程量进行计算，综合考虑各方面影响因素制定完善的预算表格和设计模板。另外，还应该注意综合考虑通信管线设计指标进行调整，最后利用计算机信息技术形成设计方案的说明文件。

e.加强管线设计管理以及网络数据管理，在此过程中，可采用全生命周期管理方式。对通信管线项目建设以及施工质量检测验收进行监督管理，另外，还需要与运营商管理系统以及资源管理系统进行连接，进而实现信息数据互通。通过应用上述管理方式，能够为用户设计提供可靠依据。

5G是最新一代蜂窝移动通信技术，特点是广覆盖、大连接、低时延、高可靠。和4G相比，5G峰值速率提高30倍，用户体验速率提高10倍，频谱效率提升3倍，移动性能达到支持500km/h的高铁，无线接口延时减少90%，连接密度提高10倍，能效和流量密度各提高100倍，能支持移动互联网和产业互联网的各方面应用。

5G技术目前主要有三大应用场景：一是增强移动宽带，提供大带宽高速率的移动服务，面向3D/超高清视频、AR/VR（增强现实/虚拟现实）、云服务等应用；二是海量机器类通信，主要面向大规模物联网业务，智能家居、智慧城市等应用；三是超高可靠低延时通信，将大大助力工业互联网、车联网中的新应用。

第**8**章

# 网络信息保镖——网络安全

**本章重点难点**

网络威胁的表现形式及产生原因

网络安全常见技术

防火墙与入侵检测

网络模型中的安全协议

常见的网络管理技术

在当今数字时代，网络安全已成为个人、企业和国家的重要议题。随着互联网的普及和数字化技术的飞速发展，网络攻击也日益频繁和复杂，给信息安全和社会生活带来了严峻挑战。但人们也通过研发，获得了多种提高网络安全的技术手段，为网络信息的安全培养了大量的"保镖"。本章就将向读者介绍网络安全面临的问题和应对方法。

# 首先，在学习本章内容前，
## 先来几个问题热热身。

**热身问题**

网络安全的重要性不言而喻，它可以保护个人隐私和财产安全、维护企业正常运营、保障国家安全，所以作为个人来说，有必要也必须学习一些网络安全防护技术。

**初级：** 请介绍下您所了解的网络中遇到的安全事件？

**中级：** 下载文件后，如何确保文件未被修改？

**高级：** 常见的防火墙根据保护机制和工作原理，可以分成哪几类？

**参考答案**

**初级：** 病毒、漏洞、网络攻击、信息泄露等。

**中级：** 如果文件的发布者提供了MD5等验证值，用户可以再次计算并与发布者发布的值进行比对，如果一致，则说明文件未被修改。

**高级：** 可以分为包过滤防火墙、状态监测防火墙以及应用代理防火墙三类。

本章就将向读者介绍网络安全的相关知识。下面来进行我们的讲解吧。

# ▶ **8.1** 网络安全概述

网络安全是指保护计算机网络系统、硬件、软件及其系统中的数据免受破坏、更改、泄露，使系统连续可靠地正常运行，网络服务不中断。它涵盖了网络系统的各个方面，包括网络设备、网络软件、网络数据和网络应用等。

## ▶ **8.1.1 网络威胁的主要形式**

网络安全其实离我们并不遥远，在网络飞速发展的今天，各种网络安全问题也是层出不穷。几类比较有代表性的网络安全事件如下所述。

### （1）病毒与木马

病毒和木马都是人为编写的程序，病毒的作用是对网络终端设备进行破坏，而木马的作用是为了窃取用户的各种数据文件。现在病毒和木马的界线已经越来越不明显了。常见的如勒索病毒会锁住用户的重要文件，并向受害者进行勒索。勒索软件伴随着网络加速演变进化，并在技术迭代、勒索方式（数据泄露+加密勒索）等方面不断进化，变得更加复杂和难以防范，而且一旦攻击得手能够快速横向移动。

随着智能终端市场的火爆，病毒木马也在向手机端泛滥。通过夺取手机的权限来控制手机、截获验证码、获取用户各种隐私数据等。以往的病毒木马通常以存储介质，如U盘和移动硬盘进行传播，在网络普及后，病毒和木马依托于网络大肆扩散。

属于，有些人会利用漏洞，在正常的网页中植入可执行的木马程序，如果用户的浏览器安全等级较低，在浏览过程中就会中招，这就是所谓的网页挂马。

网页挂马也属于木马吗？

黑客（hacker），指热心于计算机及网络技术并且水平高超的人。他们精通计算机软硬件技术、网络技术、操作系统、编程技术等，并利用这些技术，突破各种安全防御措施，获取到所需要的资源，或达到其他目的。

什么是黑客？

## （2）钓鱼攻击

如下图所示，黑客通过技术制作出和正常网页相类似的虚假网页，通过多种手段诱使用户主动填写各种敏感信息，如用户账号、密码、验证码，从而非法获取到用户的各种数据，这种攻击就叫做钓鱼攻击。钓鱼攻击并不刻意针对某个用户和某个设备，而是采取广撒网，愿者上钩的模式。

## （3）漏洞攻击

漏洞是指操作系统或用户所使用的软件本身在安全性或程序严谨性方面存在的一种缺陷或不足，往往被黑客发现并利用。黑客可以通过某些漏洞入侵用户的操作系统，远程执行程序或代码，利用漏洞窃取用户的数据、定期执行一些危险操作，或者将该设备变为肉鸡（傀儡机），用来攻击其他设备，通过该跳板（肉鸡）可以隐藏黑客的踪迹，使安全员无法反向追踪。

**知识拓展**

**缓冲区溢出漏洞**

利用系统漏洞进行溢出攻击也是现在网络上一种常见的攻击手段。在计算机中，有一个叫"缓存区"的地方，它是用来存储用户输入的数据的，缓冲区的长度是被事先设定好的且容量不变，如果用户输入的数据超过了缓冲区的长度，那么就会溢出，而这些溢出的数据就会覆盖在合法的数据上。通过这个原理，可以将病毒代码通过缓存区溢出，让计算机执行并传播，如以前大名鼎鼎的"冲击波"病毒、"红色代码"病毒等。

## （4）数据泄露

黑客入侵的最终目的就是窃取用户的敏感或隐私数据，每年因数据泄露造成的损失已经越来越大。各大门户网站也相应地加强了网络身份验证及数据存储的安全管理，从外部入侵的难度越来越高，所以泄露的来源逐渐从外部发展到内部，内部数据泄露占有的比例也逐渐增高。同时黑客的目标也从大型门户网站转向了其他中小型网站，一些安全性不高的网站时常发生数据泄露等重大安全事故。

黑客利用从这些网站获取到的用户账号和密码，登录其他的网站，如果用户使用了相同的密码，黑客则可以轻易进入到这些网站中，轻易获取用户的隐私数据和各种资产，这就是常说的撞库。

什么是撞库攻击？有什么危害？

### （5）欺骗攻击

如下图所示，欺骗攻击主要指的是网络欺骗，常见于局域网环境，黑客在该网络环境中，通过ARP欺骗、DHCP欺骗、DNS欺骗、生成树欺骗等手段，将黑客设备伪装成正常的网关或交换机，所有设备的数据全部流经该设备，黑客就可以截获、破解、读取、篡改这些数据，从而获取到用户的各种数据信息。黑客也可以通过劫持技术，将用户的正常访问引导到钓鱼网站或伪造的界面中，让用户自己主动交出账户及密码等信息。效率和成功率相对于传统的破解要高很多。

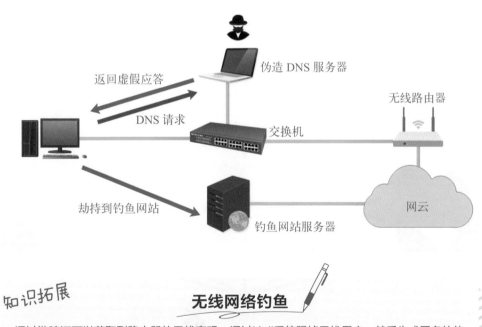

**知识拓展**

**无线网络钓鱼**

通过欺骗还可以获取到路由器的无线密码，通过Kali系统踢掉无线用户，然后生成同名的热点以及钓鱼网站，提示用户无线需要密码才能修复故障。当用户输入正确密码后，就被黑客截获了。

### （6）拒绝服务攻击

拒绝服务攻击主要利用的是服务器本身协议的固有弱点及缺陷，制造大量的虚假访问，占用服务器的大量软硬件资源，使其无法正常运行或响应正常的访问请求，这就是常见的SYN攻击原理，如下图所示。

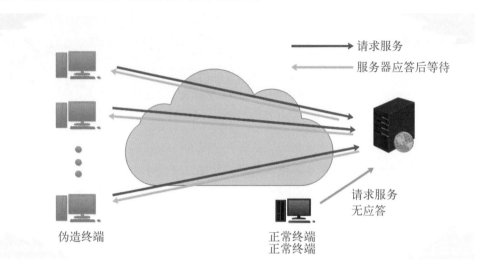

除了SYN攻击外，常见的还有DDoS攻击，也叫做分布式拒绝服务攻击。黑客利用手中掌握的大量肉鸡资源，在同一时刻发送大量的无用数据或请求报文到受攻击者的设备，从而导致目标的网络过载或资源耗尽。为了隐藏行踪，黑客还会通过肉鸡控制其他肉鸡，通过多重网络的控制进行攻击，很难实现反追踪，如下图所示。

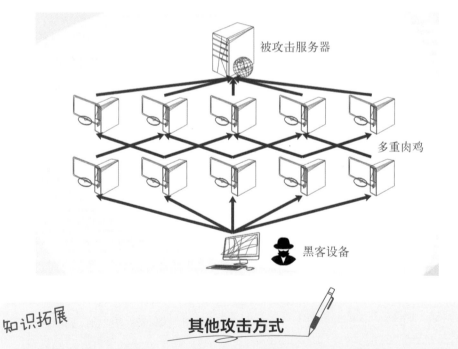

知识拓展　　　　**其他攻击方式**

其他攻击方式还包括密码暴力破解攻击、短信电话轰炸攻击、僵尸网络攻击、SQL渗透攻击、无线钓鱼攻击等。

黑客还可以将自身伪装成受攻击者，通过访问大量的网站，将所有的网站回应引导到受攻击者处，从而占据受攻击的带宽和硬件资源，完成攻击，该种方式叫做Smurf攻击。

什么是Smurf攻击？

## ▶ 8.1.2 网络安全体系简介

一个全方位的网络安全防范体系也是分层次的，不同层次反映了不同的安全需求。一个网络的整体由网络硬件、网络协议、网络操作系统和应用程序构成，而若要实现网络的整体安全，还需要考虑数据的安全性问题，此外无论是网络本身还是操作系统和应用程序，最终都是由人来操作和使用的，所以还有一个重要的安全问题就是用户的安全性。

### （1）目的及意义

目前计算机网络面临着巨大的威胁，其构成的因素是多方面的。这种威胁将不断给社会带来了巨大的损失，网络安全已被信息社会的各个领域所重视。由于计算机网络具有连接形式多样性、终端分布不均匀性、网络的开放性和互连性等特征，致使网络易受黑客、病毒、恶意软件和其他不轨行为的攻击。对于军用的自动化指挥网络、银行和政府等传输敏感数据的计算机网络系统而言，其网上信息的安全和保密尤为重要。无论是在局域网还是在广域网中，都存在着自然和人为等诸多因素的潜在威胁和网络的脆弱性。故此，网络的安全措施应是能全方位地针对各种不同的威胁和网络的脆弱性，这样才能确保网络信息的保密性、完整性和可用性。

### （2）网络安全体系分层结构

同OSI分层模型类似，对于网络安全体系结构也采用分层研究规范的方法。

① 设备物理安全　如果没有设备的物理安全性，那么网络安全性就是空谈。该层次的安全包括通信线路、物理设备的安全等。物理层次的安全主要体现在通信线路的可靠性、设备的运行环境安全性、防灾害能力、防窃听能力及防干扰能力等。

② 网络层安全　网络的安全问题主要体现在身份认证、资源的访问控制、数据传输的保密与完整性、入侵检测的手段、网络设施防病毒等。

③ 应用层安全　该层次的安全问题主要由提供服务所采用的应用软件和数据的安全性产生，包括WEB服务、电子邮件系统、DNS系统等。此外还包括使用系统中资源和数据的用户是否是真正被授权的用户。

一是操作系统本身的缺陷带来的不安全因素，主要包括身份认证、访问控制、系统漏洞等。二是对操作系统安全配置问题。三是恶意代码对操作系统的威胁。

操作系统的安全性需要注意哪些方面？

④ 管理层安全　管理最终离不开人，人工的主观能动性是影响安全性最不稳定的部分。安全管理包括安全技术、设备的管理安全制度、管理部门与人员的组织规则等。安全管理的标准化很大程度影响着整个网络的安全。严格的安全管理制度、明确的部门安全职责划分、合理的人员角色配置都可以在很大程度上降低其他层次的安全漏洞。

## ▶ 8.1.3　网络安全技术

网络安全是一项复杂的系统工程，涉及技术、设备、管理和制度等多方面的因素，安全解决方案的制定需要从整体上进行把握。网络安全解决方案是综合各种计算机网络信息系统安全技术，将安全操作系统技术、防火墙技术、病毒防护技术、入侵检测技术、安全扫描技术等综合起来，形成一套完整的、协调一致的网络安全防护体系。常见的网络安全技术有以下几种：

彻底根除网络威胁基本是不可能的，只能用各种方法增强网络安全性，将能够入侵的成本提高到让黑客望而却步的程度。

### （1）加密技术

通过各种算法以及公钥、私钥的运用，对数据进行加密并有可能进行二次或者三次加密，密码只显示加密后的状态，防止明文获取。

### （2）数字签名技术

数字签名也用到了公私钥，主要是确定发送者的身份。数字签名是附加在数据单元上的一些数据，或是对数据单元所做的密码交换，这种数据的变换允许数据单元的接收者确认数据单元的来源和数据单元的完整性，并保护数据，防止被人伪造。数字签名用得比较广泛的技术就是大家经常见到的区块链技术。

### （3）访问控制技术

访问控制机制可以有效地鉴别来访者的身份信息，保护资源的安全性，如下左图所示。

## （4）数据完整性验证技术

数据完整性机制可以有效防止数据被篡改，一般会使用MD5、SHA1、SHA256、CRC32及CRC64进行单向性文件完整性计算，用以判断文件是否被非法篡改如下右图所示。

## （5）路由器控制技术

防止不利信息通过路由，目前典型的应用为网络层防火墙。带有某些安全标记的数据可能被安全策略禁止通过某些子网络、中继站或链路。

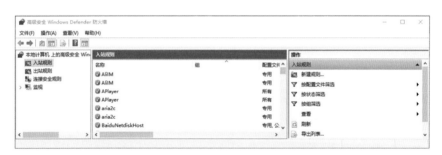

 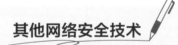

其他常见的安全技术还有：鉴别交换机制、公正机制、可信度、安全标记、事件监测、安全审计跟踪、安全恢复等。

# ▶ 8.1.4 网络威胁的一般应对方法

对于网络威胁，了解其产生的原因，并学习一些抵御的方法，可以应对部分网络威胁或者降低其产生的影响。作为个人来说，了解并掌握一定的安全措施，可以解决部分网络安全威胁，提高网络的安全性。下面介绍一些常见的应对方法。

## （1）建立安全管理制度

提高包括系统管理员和用户在内的相关人员的网络技术素质和专业修养。对重要部门和信息，严格做好查毒、备份的方案，这是一种简单但最有效的方法。

## （2）网络访问控制

网络访问控制是网络安全防范和保护的主要策略。它的主要任务是保证网络资源不被非法访问和使用，是保证网络安全最重要的核心策略之一。访问控制涉及的技术比较广，包括入网访问控制、网络权限控制、目录级控制以及属性控制等技术。

## （3）数据的备份与恢复

数据安全包括物理存储设备的安全和访问获取的安全。没有完全安全、一劳永逸的手段，在日常只有做好数据的备份，才能在出现问题后快速解决。一万次无用功，只要能用到一次，就是十分值得的，因为硬件有价而数据无价。

## （4）高级密码技术

密码技术是信息安全核心技术，为信息安全提供了可靠保证。基于密码的数字签名和身份认证是当前保证信息完整性的最主要方法之一，密码技术主要包括古典密码体制、单钥密码体制、公钥密码体制、数字签名以及密钥管理等。

## （5）切断威胁途径

对被感染的硬盘和计算机进行彻底杀毒处理，不使用来历不明的U盘和程序，不随意下载网络可疑信息。

## （6）提高网络反病毒技术能力

通过安装病毒防火墙，进行实时过滤。对网络服务器中的文件进行定期扫描和监测，在工作站上采用防病毒卡，加强网络目录和文件访问权限的设置。在网络中，限制只能由服务器才允许执行的文件。

作为普通用户，需要定期进行操作系统的更新，安装最新的系统漏洞补丁，从而提高系统的安全性。另外一定要安装正版的操作系统，不要安装破解版及精简版的系统以防被篡改。

如何提高操作系统安全性？

## （7）物理环境安全

计算机系统的安全环境条件，包括温度、湿度、空气洁净度、腐蚀度、虫害、振动和冲击、电气干扰等方面，都要有具体的要求和严格的标准。物理环境的安全直接影响到计算机等设备运行的安全性和可靠性。选择机房，要注意其外部环境安全性、可靠性、场地抗电磁干扰性、避开强振动源和强噪声源，并避免设在建筑物高层和用水设备的下层或隔壁，还要注意出入口的安全管理。

机房的安全防护是针对环境的物理灾害和防止未授权的个人或团体破坏、篡改或盗窃网络设施、重要数据而采取的安全措施和对策。

## ▶8.2 常见的网络安全技术

在前面介绍了一些网络技术的种类和说明，下面介绍一些网络技术的原理和实现方式。

## ▶8.2.1 加密技术

加密技术是利用数学或物理手段，对电子信息在传输过程中和存储体内进行保护，以防止泄露的技术。通过加密算法对数据进行转化，使之成为没有正确密钥任何人都无法读懂的报文。这些以无法读懂的形式出现的数据一般被称为密文。在这种情况下即使信息被截获并阅读，这则信息也是毫无利用价值的。而实现这种转化的算法标准，据不完全统计，到现在为止已经有近200多种。

### （1）密钥与算法

加密技术主要由两个元素组成，算法和密钥（key）。密钥是一组字符串，是加密和解密的最主要的参数，是由通信的一方通过一定标准计算得来。所以密钥是变换函数所用到的重要的控制参数，通常用K表示。算法是将正常的数据（明文）与密钥进行组合，按照算法公式进行计算，从而得到新的数据（密文），或者是将密文通过算法还原为明文。没有密钥和算法的话这些数据没有任何意义，从而起到了保护数据的作用。

### （2）对称加密与非对称加密

根据加密与解密所使用的密钥的关系，可将加密分为对称加密与非对称加密两种技术。

① 对称加密　如下图所示，对称加密也叫做私钥加密算法，就是数据传输双方均使用同一个密钥，双方的密钥都必须处于保密的状态，因为私钥的保密性必须基于密钥的保密性，而非算法上。收发双方都必须为自己的密钥负责，才能保证数据的机密性和完整性。对称密码算法的优点是加密、解密处理速度快、保密度高等。现在国际上比较通行的DES、3DES、AES、RC2、RC4等算法都是对称算法。

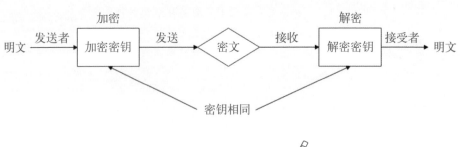

对称密码算法的密钥分发过程十分复杂，所花代价高。多人通信时密钥组合的数量会出现爆炸性增长，使密钥分发更加复杂化。N个人进行两两通信，需要的密钥数为N（N-1）/2个。

对称密码算法还存在数字签名困难问题（通信双方拥有同样的问题，接收方可以伪造签名，发送方也可以否认发送过某消息）。

② 非对称加密　与对称加密不同，非对称加密需要两个密钥：公开密钥（public key）和私有密钥（private key）。公开密钥与私有密钥是一对，加密密钥（公开密钥）向公众公开，谁都可以使用，解密密钥（私有密钥）只有解密人自己知道。非法使用者根据公开的密钥无法推算出解密密钥。

如果用公开密钥对数据进行加密，只有用对应的私有密钥才能解密。如果用私有密钥对数据进行加密，那么只有用对应的公开密钥才能解密。因为加密和解密使用的是两个不同的密钥，所以这种算法叫做非对称加密算法。该算法也是针对对称加密密钥密码体制的缺陷被提出来的。

A和B在数据传输时，A生成一对密钥，并将公开密钥发送给B，B获得了这个密钥后，可以用这个密钥对数据进行加密并将其数据传输给A，然后A用自己的私有密钥进行解密就可以了，如下图所示。

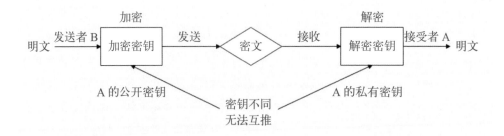

### 非对称加密的缺点

非对称加密算法虽然便于管理、分配简单且可以实现数字签名，但也有局限性，那就是效率非常低。它比前面的一些对称算法慢了很多，所以不太适合为大量的数据进行加密。

③ 综合使用　由于对称加密与非对称加密算法各有其优缺点，在保证安全性的前提下，为了提高效率，出现了两个算法结合使用的方法，原理就是使用对称算法加密数据，使用非对称算法传递密钥。整个过程如下：

**步骤 01** A与B沟通，需要传递加密数据，并使用对称算法，要B提供协助。

**步骤 02** B生成一对密钥，一个公钥，一个私钥。

**步骤 03** B将公钥发送给A。

**步骤 04** A用B的公钥，对A所使用的对称算法的密钥进行加密，并发送给B。

**步骤 05** B用自己的私钥进行解密得到A的对称算法的密钥。

**步骤 06** A用自己的对称算法密钥加密数据，再把已加密的数据发送给B。

**步骤 07** B使用A的对称算法的密钥进行解密。

## （3）常见的加密算法

根据加密方式的不同，算法也多种多样，比如常见的对称加密算法有DES、3DES、AES等，非对称加密算法有RSA等。

① DES　DES（data encryption standard，数据加密标准）算法的入口参数有三个：Key、Data、Mode。其中Key为8个字节共64位（56位的密钥以及附加的8位奇偶校验位，产生最大64位的分组大小），是DES算法的工作密钥。Data也为8个字节64位，是要被加密或被解密的数据。

这是一个迭代的分组密码，使用称为Feistel的技术，其中将加密的文本块分成两半。使用子密钥对其中一半应用循环功能，然后将输出与另一半进行"异或"运算，接着交换这两半，这一过程会继续下去，但最后一个循环不交换。DES使用16个循环。攻击DES的主要形式被称为蛮力的或彻底的密钥搜索，即重复尝试各种密钥直到有一个符合为止。如果 DES使用56位的密钥，则可能的密钥数量是256个。随着计算机系统能力的不断发展，DES的安全性比它刚出现时弱得多，然而从非关键性质的实际出发，仍可以认为它是足够的。不过，DES现在仅用于旧系统的鉴定，而更多地选择新的加密标准——高级加密标准（advanced encryption standard，AES）。

**3DES**

3DES是DES加密算法的一种模式，它使用3条64位的密钥对数据进行三次加密。比起最初的DES，3DES更为安全。

② RSA RSA（Rivest、Shamir、Adleman，三位研发者名字缩写）是一种非对称算法。为提高保密强度，RSA密钥至少为500位长，一般推荐使用1024位。这就使加密的计算量很大。由于进行的都是大数计算，使得RSA最快的情况也比DES慢上好几倍，无论是软件还是硬件实现。速度一直是RSA的缺陷。一般来说只用于少量数据加密。RSA的速度是对应同样安全级别的对称密码算法的千分之一左右。

### （4）Hash算法

Hash算法又称散列算法、散列函数、哈希函数，是一种从任何一种数据中创建小的数字"指纹"的方法。哈希算法将数据重新打乱混合，重新创建一个哈希值。哈希函数，常见的如MD5、SHA，没有加密的密钥参与运算，而且也是不可逆的。哈希算法的特点有：

- **正向快速：** 原始数据可以快速计算出哈希值。
- **逆向困难：** 通过哈希值基本不可能推导出原始数据。
- **输入敏感：** 原始数据只要有一点变动，得到的哈希值差别很大。
- **冲突避免：** 很难找到不同的原始数据得到相同的哈希值。

哈希算法主要用来保障数据真实性(即完整性)，即发信人将原始消息和哈希值一起发送，收信人通过相同的哈希函数来校验原始数据是否真实。

比如常见的MD4、MD5算法，以及SHA算法，包括了SHA-0、SHA-1、SHA-2、SHA-224、SHA-256、SHA-384和SHA-512。

Hash算法有哪些类型？

## ▶ 8.2.2 身份认证技术

身份认证技术是为在计算机网络中确认操作者身份而产生的有效解决方法。网络世界中一切信息包括用户的身份信息都是用一组特定的数据来表示的，计算机只能识别用户的数字身份，所有对用户的授权也是针对用户数字身份的授权。如何保证以数字身份进行操作的操作者就是这个数字身份合法拥有者，也就是说保证操作者的物理身份与数字身份相对应，身份认证技术就是为了解决这个问题。作为防护网络资产的第一道关口，身份认证有着举足轻重的作用。身份认证技术可以基于生物特征、信任物体、信息秘密以及口令。

所谓的基于口令，就是在输入账号后，还需提供该账号的保密形式的凭证，主要是针对验证系统中的账号的一种补充部分，向系统提供的身份凭证。基于口令的身份认证技术包括了静态口令和动态口令。

用户的密码是由用户自己设定的。在网络登录时输入正确的密码，计算机就认为操作者就是合法用户。实际上，由于许多用户为了防止忘记密码，经常采用诸如生日、电话号码等容易被猜测的字符串作为密码，或者把密码抄在纸上放在一个自认为安全的地方，这样很容易造成密码泄露。如果密码是静态的数据，在验证过程中需要在计算机内存中和传输过程可能会被木马程序或网络中截获。因此，静态密码机制无论是使用还是部署都非常简单，但从安全性上讲，用户名/密码方式是一种不安全的身份认证方式。

**知识拓展**

**远程密码的校验**

存储在本地的密码的认证过程被称为本地密码认证，与之相对的是远程密码认证，例如在登录电子邮箱时，电子邮箱的密码是存储在邮箱服务器中，在本地输入密码后并不会直接发送明文密码到服务器验证，而是在进行Hash计算后，将结果发送给远端的邮箱服务器，只有和服务器中存储的Hash值一致，才被允许登录。为了防止攻击者采用离线字典攻击的方式破解密码，通常都会设置在登录尝试失败达到一定次数后锁定账号，在一段时间内阻止攻击者继续尝试登录。

动态密码不是固定的，一般以验证码的形式存在，现在很多身份认证以手机短信形式请求包含6位随机数的动态密码，身份认证系统以短信形式发送随机的6位密码到客户的手机上。客户在登录或者交易认证时输入此动态密码，从而确保系统身份认证的安全性。

还有一种密码形式是动态口令牌，可以是独立的设备或者是APP程序，它是基于时间同步方式的，每60s变换一次动态口令，口令一次有效，它产生6位动态数字进行一次一密的方式认证。

## ▶ 8.2.3 数字签名技术

数字签名又称电子加密，可以区分真实数据与伪造、被篡改过的数据。对于网络数据传输，特别是电子商务是极其重要的。数字签名一般要采用一种称为摘要的技术。摘要技术主要使用的是前面介绍的Hash函数，是附加在数据单元上的一些数据，或是对数据单元所做的密码变换。这种数据或变换允许数据单元的接收者用以确认数据单元的来源和数据单元的完整性并保护数据，防止被人为伪造，它是对电子形式的消息进行签名的一种方法。

知识拓展　　　　　**数字签名的种类**

基于公钥密码体制和私钥密码体制都可以获得数字签名，目前主要是基于公钥密码体制的数字签名，包括普通数字签名和特殊数字签名。

### （1）数字签名的功能

数字签名的主要功能包括：

- **防冒充（伪造）：** 私有密钥只有签名者自己知道，所以其他人不可能伪造出正确的签名。
- **可鉴别身份：** 传统的手工签名一般是双方直接见面的，身份自可一清二楚。在网络环境中，接收方必须能够鉴别发送方所宣称的身份。
- **防篡改：** 防止破坏信息的完整性。

对于传统的手工签字，假如要签署一份200页的合同，是仅仅在合同末尾签名呢？还是对每一页都签名？如果仅在合同末尾签名，对方会不会偷换其中的几页？而对于数字签名，签名与原有文件已经形成了一个混合的整体数据，不可能被篡改，从而保证了数据的完整性。

- **防重放：** 在数字签名中，如果采用了对签名报文添加流水号、时间戳等技术，可以防止重放攻击。

如在日常生活中，A向B借了钱，同时写了一张借条给B，当A还钱的时候，肯定要向B索回他写的借条撕毁，不然，恐怕他会再次用借条要求A还钱。

- **防抵赖：** 如前所述，数字签名可以鉴别身份，不可能冒充伪造，那么，只要保管好签名的报文，就好似保存好了手工签署的合同文本，也就是保留了证据，签名者就无法抵赖。

在数字签名体制中，要求接收者返回一个自己的签名表示收到的报文，给对方或第三方或者引入第三方机制。如此操作，双方均不可抵赖。

那如果接收者确已收到对方的签名报文，却抵赖没有收到呢？

- **机密性（保密性）**：手工签字的文件（如同文本）是不具备保密性的，文件一旦丢失，其中的信息就极可能泄露。数字签名可以加密要签名消息的杂凑值，不具备对消息本身进行加密的能力，如果签名的报名不要求机密性，也可不用加密。

### （2）数字签名技术的应用

数字签名技术从原理上可以分为基于共享密钥的数字签名以及基于公开密钥的数字签名两种，常见的应用如下：

- **基于共享密钥的数字签名**：基于共享密钥的数字签名可以进行身份验证，如服务器端和用户共同拥有一个或一组密码。当用户需要进行身份验证时，用户通过输入或通过保管有密码的设备提交密码。服务器在收到后会检查是否与服务器端保存的密码一致，如果一致，就判断用户为合法用户。如果用户提交的密码与服务器端所保存的密码不一致，则判定身份验证失败。

- **基于公开密钥的数字签名**：基于公开密钥的数字签名是不对称加密算法的典型应用。数字签名的应用过程是数据源发送方使用自己的私钥，对数据校验和其他与数据内容有关的变量进行加密处理，完成对数据的合法"签名"。数据接收方则利用对方的公钥解读收到的"数字签名"，并将解读结果用于对数据完整性的检验，以确认签名的合法性。

数字签名技术是在网络系统虚拟环境中确认身份的重要技术，完全可以代替现实过程中的"亲笔签字"，在技术和法律上有保障。在数字签名应用中，发送者的公钥可以很方便地得到，但他的私钥则需要严格保密。

知识拓展

数字证书

数字证书是指在互联网通信中标识通信各方身份信息的一个数字认证，人们可以在网上用它来识别对方的身份。因此数字证书又称为数字标识。数字证书对网络用户在计算机网络交流中的信息和数据等以加密或解密的形式保证了信息和数据的完整性和安全性。

如果用户在电子商务的活动过程中安装了数字证书，那么即使其账户或者密码等个人信息被盗取，其账户中的信息与资金安全仍然能得到有效的保障。数字证书就相当于社会中的身份证，用户在进行电子商务活动时可以通过数字证书来证明自己的身份，并识别对方的身份，在数字证书的应用过程中CA中心具有关键性的作用：当对签名人与公开密钥的对应关系产生疑问时，就需要第三方颁证机构，即证书认证中心的帮助。

## ▶**8.2.4 访问控制技术**

访问控制指系统对用户身份及其所属的预先定义的策略组进行控制，限制其使用数据资源能力的手段，通常用于系统管理员控制用户对服务器、目录、文件等网络资源的访问。

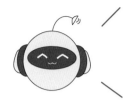

访问控制是系统保密性、完整性、可用性和合法使用性的重要基础，是网络安全防范和资源保护的关键策略之一，也是主体依据某些控制策略或权限对客体本身或其资源进行的不同授权访问。

访问控制的主要目的是限制访问主体对客体的访问，从而保障数据资源在合法范围内得以有效使用和管理。为了达到上述目的，访问控制需要完成两个任务：识别和确认访问系统的用户、决定该用户可对某一系统资源进行何种类型的访问。

## （1）访问控制的功能

访问控制的主要功能包括：保证合法用户访问受保护的网络资源、防止非法的主体进入受保护的网络资源，以及防止合法用户对受保护的网络资源进行非授权的访问。访问控制首先需要对用户身份的合法性进行验证，同时利用控制策略进行选用和管理工作。当用户身份和访问权限验证之后，还需要对越权操作进行监控。访问控制的内容包括认证、控制策略实现和安全审计。

① 认证　包括主体对客体的识别及客体对主体的检验确认。

**知识拓展**　　　　**访问控制主体与客体**

主体是指提出访问资源具体请求，是某一操作动作的发起者，但不一定是动作的执行者，可以是某一用户，也可以是用户启动的进程、服务和设备等。客体是指被访问资源的实体。所有可以被操作的信息、资源、对象都可以是客体。客体可以是信息、文件、记录等集合体，也可以是网络上硬件设施、无线通信中的终端，甚至可以包含另外一个客体。

② 控制策略　通过合理地设定控制规则集合，确保用户对信息资源在授权范围内的合法使用。既要确保授权用户的合理使用，又要防止非法用户侵权进入系统，使重要信息资源泄露。同时，合法用户也不能越权行使权限以外的功能及访问范围。

控制策略：是主体对客体的相关访问规则集合，即属性集合。访问策略体现了一种授权行为，也是客体对主体某些操作行为的默认。

③ 安全审计　系统可以自动根据用户的访问权限，对计算机网络环境下的有关活动或行为进行系统的、独立的检查验证，并做出相应评价与审计。

## （2）访问控制策略

典型的访问控制策略分为三类：自主访问控制、强制访问控制、基于角色的访问控制。

① 自主访问控制　自主访问控制（discretionary access control，DAC）是一种接入控制服务，通过执行基于系统实体身份及其到系统资源的接入授权，包括在文件、文件夹和共享资源中设置许可。用户有权对自身所创建的文件、数据表等访问对象进行访问，并可将其访问权授予其他用户或收回其访问权限。允许访问对象的属主制定针对该对象访问的控制策略，通常可通过访问控制列表来限定针对客体可执行的操作。DAC提供了适合多种系统环境的灵活方便的数据访问方式，是应用最广泛的访问控制策略。

**自主访问控制的缺陷**

自主访问控制所提供的安全性可被非法用户绕过，授权用户在获得访问某资源的权限后，可能传送给其他用户。所以DAC提供的安全性相对较低，无法对系统资源提供严格保护。

② 强制访问控制　强制访问控制（mandatory access control，MAC）是系统强制主体服从访问控制策略。主要特征是对所有主体及其所控制的进程、文件、段、设备等客体实施强制访问控制。在MAC中，每个用户及文件都被赋予一定的安全级别，只有系统管理员才可确定用户和组的访问权限，用户不能改变自身或任何客体的安全级别。系统通过比较用户和访问文件的安全级别，决定用户是否可以访问该文件。

角色是一定数量的权限的集合。指完成一项任务必须访问的资源及相应操作权限的集合。角色作为一个用户与权限的代理层，表示为权限和用户的关系，所有的授权应该给予角色而不是直接给用户或用户组。

③ 基于角色的访问控制　基于角色的访问控制（role-based access control，RBAC）是通过对角色的访问所进行的控制，使权限与角色相关联，用户通过成为适当角色的成员而得到其角色的权限，该过程可极大地简化权限管理。为了完成某项工作创建角色，用户可依其责任和资格分派相应的角色，角色可依据新需求和系统合并赋予新权限，而权限也可根据需要从某角色中收回。整个过程减小了授权管理的复杂性，降低管理开销，提高企业安全策略的灵活性。RBAC模型的授权管理方法主要有3种：

- 根据任务需要定义具体不同的角色。
- 为不同角色分配资源和操作权限。
- 给一个用户组（group，权限分配的单位与载体）指定一个角色。

# ▶ 8.3 防火墙技术

在计算机网络领域中，防火墙是一个专业名称，主要指设置于网络之间，通过控制网络流量、阻隔危险网络通信以达到保护网络的目的，是由硬件设备和软件组成的防御系统。

## ▶ 8.3.1 防火墙简介

防火墙一般都是布置于网络之间的，最常见的形式是布置于公共网络和企事业单位内部的专用网络之间，用来保护内部网络或特殊网络。有时在一个网络内部也可能设置防火墙，用来保护某些特定的设备，但被保护关键设备的IP地址一般会和其他设备处于不同网段。

防火墙保护网络的手段就是控制网络流量。网络之上的各种信息都是以数据包的形式传递的，网络防火墙要实现控制流量就是要对途经其的各个数据包进行分析，判断其危险与否，据此决定是否允许其通过，对数据包说"Yes"或"No"。不同种类的防火墙查看数据包的不同内容，其规则是由用户来指定的。

也就是说，防火墙要决定数据包是否可以通过，需要查看用户对防火墙查看的内容的定义和设置的规则。

知识拓展

### 防火墙的存在形式

用以保护网络的防火墙会有不同的形式：它可以是单一设备也可以是一系列相互协作的设备；设备可以是专门的硬件设备，也可以是经过加固甚至只是普通的通用主机；设备可以选择不同形式的组合，具有不同的拓扑结构。

## ▶ 8.3.2 防火墙功能

防火墙的主要功能包括以下几个方面。

### （1）提高内网安全性

一个防火墙（作为阻塞点、控制点）能极大地提高一个内部网络的安全性，并通过过滤不安全的服务而降低风险。由于只有经过同意的应用协议才能通过防火墙，因此网络环境变得更安全。防火墙同时可以保护网络免受基于路由的攻击。

如IP选项中的源路由攻击和Internet控制报文协议（internet control message protocol，ICMP）重定向攻击。防火墙拒绝所有以上类型攻击的报文并通知防火墙管理员。

什么是基于路由的攻击？

### （2）强化安全策略

通过以防火墙为中心的安全方案配置，能将所有安全软件（如口令、加密、身份认证、审计等）配置在防火墙上。与将网络安全问题分散到各个主机上相比，防火墙的集中安全管理更经济。

### （3）监控审计

如果所有的访问都经过防火墙，那么防火墙就能记录下这些访问并整理日志，同时提供网络使用情况的统计数据、网络是否受到监测和攻击的详细信息等，可以了解防火墙是否能够抵挡攻击者的探测和攻击，以及控制是否充足。而网络使用情况的统计对网络需求分析和威胁分析等而言也是非常重要的。

### （4）阻止内部信息外泄

通过利用防火墙对内部网络的划分，可实现内部网重点网段的隔离，从而限制了局部重点或敏感网络安全问题对全局网络造成的影响。隐私是内部网络非常关心的问题，一个内部网络中不引人注意的细节可能包含了有关安全的线索而引起外部攻击者的兴趣，甚至因此而暴露内部网络的某些安全漏洞。

### （5）隔离故障

由于防火墙具有双向检查功能，也能够将网络中一个网段与另一个网段隔开，从而限制了局部重点或敏感网络安全问题对全局网络造成的影响，防止攻击性故障蔓延。

### （6）流量控制及统计

流量统计建立在流量控制基础之上，通过对基于IP、服务、时间、协议等的流量进行统计，可以实现与管理界面挂接，并便于流量计费。

 知识拓展

 **流量控制**

流量控制分为基于IP地址的控制和基于用户的控制。基于IP地址的控制是对通过防火墙各个网络接口的流量进行控制。基于用户的控制是通过用户登录来控制每个用户的流量，防止某些应用或用户占用过多的资源，保证重要用户和重要接口的连接。

### （7）地址绑定

除了路由器外，防火墙也可以实现MAC地址和IP地址的绑定，用于防止受控的内部用户通过更换IP地址访问外网。

防火墙除了安全作用外，还支持VPN、NAT等网络代理功能。可以使用防火墙实现远程VPN服务端，用来协商远程访问的加密和认证功能。另外还可以进行内部网络的上网代理，实现网关的功能，以及进行反向代理，实现DMZ的服务器向外网提供服务的作用。

防火墙还有哪些实用的功能？

## ▶8.3.3　防火墙的分类

根据不同的保护机制和工作原理，人们一般将防火墙分为包过滤防火墙、状态监测防火墙以及应用代理防火墙三种。

### （1）包过滤防火墙

包过滤防火墙会查看所流经的数据包的包头，结合所设定的策略，从而决定丢弃、允许通过或执行其他更复杂的动作。数据包过滤防火墙用在内部主机和外部主机之间。

*知识拓展*　　　　　**两种丢弃方式**

通知流量的发送者其数据将被丢弃，或者没有任何通知直接丢弃这些数据。

### （2）状态监测防火墙

状态检测防火墙又称为动态包过滤，是传统包过滤的功能扩展。状态检测防火墙在网络层有一个检查引擎截获数据包并抽取出与应用层状态有关的信息，并以此为依据决定对该连接是接受还是拒绝。这种技术提供了高度安全的解决方案，同时具有较好的适应性和扩展性。

状态检测防火墙工作于传输层，与包过滤防火墙相比，状态检测防火墙判断允许还是禁止数据流的依据也是源IP地址、目的IP地址、源端口、目的端口和通信协议等。与包过滤防火墙不同的是，状态检测防火墙是基于会话信息作出决策的，而不是包的信息。

状态检测防火墙摒弃了包过滤防火墙仅考查数据包的IP地址等几个参数，而且不关心数据包连接状态变化的缺点，在防火墙的核心部分建立状态连接表，并将进出网络的数据当成一个个会话，利用状态表跟踪每个会话状态。状态监测对每个包的检查不仅根据规则表，更考虑了数据包是否符合会话所处的状态。

### （3）应用代理防火墙

代理防火墙通常也称为应用网关防火墙，代理防火墙彻底隔断内网与外网的直接通信，内网用户对外网的访问变成防火墙对外网的访问，然后再由防火墙转发给内网用户。所有通信都必须经应用层代理软件转发，访问者任何时候都不能与服务器建立直接的TCP连接，应用层的协议会话过程必须符合代理的安全策略要求。

代理防火墙的主要功能是对连接请求认证，然后再允许流量到达内外资源。这使得可以认证用户请求而不是设备。为了使认证和连接过程更加有效，很多代理防火墙先认证用户一次，然后使用存储在认证数据库中的授权信息确定该用户可以访问哪些资源。通过授权限制允许该用户访问的其他资源，而不要求用户为每个想访问的资源进行认证。同时，代理防火墙能用来认证输入和输出两个方向的连接。

## ▶ 8.4　入侵检测技术

网络入侵检测是一种动态的安全检测技术，能够在网络系统运行过程中发现入侵者的攻击行为和踪迹，一旦发现网络攻击现象就发出报警信息，还可以与防火墙联动，对网络攻击进行阻断，从而保护重要的资源与数据。

入侵是指任何企图危及资源的完整性、机密性和可用性的活动。入侵检测便是对入侵行为的发觉。它通过对计算机网络或计算机系统中的若干关键点搜集信息并对其进行分析，从中发现网络或系统中是否有违反安全策略的行为和被攻击的迹象。

入侵指的是什么？

### ▶ 8.4.1　入侵检测系统简介

入侵检测系统（intrusion detection system，IDS）是一种对网络传输进行即时监视，在发现可疑传输时发出警报或采取主动反应措施的网络安全设备，它与其他网络安全设备的不同之处在于，IDS是一种积极主动的安全防护技术。IDS最早出现在20世纪80年代中期，IDS逐渐发展成为入侵检测专家系统（IDES）。20世纪90年代，IDS分化为基于网络的IDS和基于主机的IDS。后又出现分布式IDS。

## ▶8.4.2　入侵检测系统功能

入侵检测是防火墙的合理补充，帮助系统应对网络攻击，扩展了系统管理员的安全管理能力（包括安全审计、监视、进攻识别和响应），提高了信息安全基础结构的完整性。它从计算机网络系统中的若干关键点搜集信息，并分析这些信息，验证网络中是否有违反安全策略的行为和遭到袭击的迹象。入侵检测被认为是防火墙之后的第二道安全闸门，在不影响网络性能的情况下能对网络进行监测，从而提供对内部攻击、外部攻击和误操作的实时保护。入侵检测系统与防火墙在功能上是互补关系，通过合理搭配部署和联动提升网络安全级别。

*知识拓展*

### 入侵检测系统的要求

对一个成功的入侵检测系统来讲，它不但可使系统管理员时刻了解网络系统（包括程序、文件和硬件设备等）的任何变更，还能给网络安全策略的制定提供指南。更为重要的是，它应该管理、配置简单，从而使非专业人员非常容易操作。入侵检测的规模还应根据网络威胁、系统构造和安全需求的改变而改变。入侵检测系统发现入侵后，应及时响应，切断网络连接、记录事件和报警等。

## ▶8.4.3　入侵检测技术分类

入侵检测按技术可分为特征检测和异常检测。按监测对象可分为基于主机的入侵检测和基于网络的入侵检测。

### （1）特征检测

特征检测是收集非正常操作的行为特征，建立相关的特征库，当监测的用户或系统行为与库中的记录相匹配时，系统就认为这种行为是入侵。特征检测可以将已有的入侵方法检查出来，但对新的入侵方法无能为力。

### （2）异常检测

异常检测是总结正常操作应该具有的特征，建立主体正常活动的"活动简档"，当用户活动状况与"活动简档"相比有重大偏离时，该活动即被认为可能是"入侵"行为。

### （3）基于主机的入侵检测

基于主机的入侵检测产品主要用于保护运行关键应用的服务器或被重点检测的主机之上，主要是对该主机的网络实时连接及系统审计日志进行智能分析和判断。如果其中主体活动十分可疑，入侵检测系统就会采取相应措施。

#### （4）基于网络的入侵检测

基于网络的入侵检测是大多数入侵检测厂商采用的产品形式，通过捕获和分析网络包来探测攻击。基于网络的入侵检测可以在网段或交换机上进行监听，来检测对连接在网段上的多个主机有影响的网络通信，从而保护那些主机。

## ▶ 8.5 网络管理与维护

网络管理与维护是指对计算机网络进行的管理和维护工作，目的是确保网络系统的正常运行和安全。网络管理与维护是一项复杂的工作，需要对网络设备、网络协议、网络安全等知识有深入的了解。以下将对网络管理与维护的各个方面进行详细介绍。

### ▶ 8.5.1 网络监控

网络监控是网络管理与维护的基础。如下图所示，通过网络监控，可以及时发现网络故障，并采取措施进行修复，保证网络的正常运行。网络监控可以分为以下几个方面：

- **性能监控**：监控网络设备的性能指标，如CPU使用率、内存使用率、网络流量等，确保网络设备的正常运行。
- **可用性监控**：监控网络设备的可用性，确保网络设备能够提供服务。
- **安全监控**：监控网络安全状况，及时发现和阻止网络攻击。

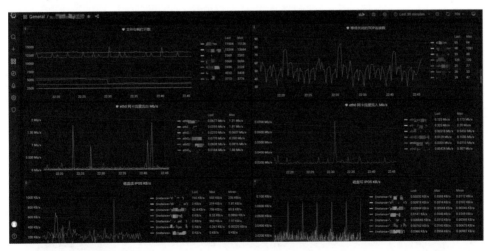

网络监控示例如下图所示，网络监控可以使用多种工具和方法进行，包括：

- **网络管理软件**：如 Nagios、Zabbix、Prometheus等。
- **监控工具**：如 SNMP、Ping、Traceroute、Wireshark等。

● **人工监控**：定期检查网络设备运行状况。

```
正在捕获 eth0
文件(F) 编辑(E) 视图(V) 跳转(G) 捕获(C) 分析(A) 统计(S) 电话(Y) 无线(W) 工具(T) 帮助(H)

应用显示过滤器 ... <Ctrl-/>

No.     Time              Source            Destination       Protocol  Length  Info
  532 4.855295139       34.117.121.53     192.168.80.150    TCP        60   443 → 46196 [SYN
  533 4.855344568       192.168.80.150    34.117.121.53     TCP        54   46196 → 443 [ACK
  534 4.855514884       192.168.80.150    34.117.121.53     TLSv1      279  Client Hello
  535 4.855592021       34.117.121.53     192.168.80.150    TCP        60   443 → 46196 [ACK
  536 4.907574860       34.117.121.53     192.168.80.150    TCP        60   443 → 46210 [SYN
  537 4.907618487       192.168.80.150    34.117.121.53     TCP        54   46210 → 443 [ACK
  538 4.907791669       192.168.80.150    34.117.121.53     TLSv1      279  Client Hello
  539 4.907868528       34.117.121.53     192.168.80.150    TCP        60   443 → 46210 [ACK

▶ Frame 1: 89 bytes on wire (712 bits), 89 byte        00 50 56 f7 03 65 00 0c   2a c0 bf 2a 08 0
▶ Ethernet II, Src: VMware_c0:bf:2a (00:0c:29:c   0010  00 4b 50 44 40 00 40 11   c8 74 c0 a8 50 9
▶ Internet Protocol Version 4, Src: 192.168.80.   0020  50 02 d7 c6 00 35 00 37   22 32 30 b2 01 0
▶ User Datagram Protocol, Src Port: 55238, Dst    0030  00 00 00 00 00 08 6c      6f 63 61 74 69 6
▶ Domain Name System (query)                      0040  73 65 72 76 69 63 65 73   07 6d 6f 7a 69 6
                                                  0050  03 63 6f 6d 00 00 01 00   01

● eth0: <live capture in progress>                    分组: 539 · 已显示: 539 (100.0%)    配置: Default
```

## ▶ 8.5.2 故障排除

网络故障的发生概率很高，需要使用专业的网络知识进行排查并修复。

**（1）网络故障的主要原因**

局域网故障五花八门，网络故障会直接导致设备无法联网或无法共享上网。局域网故障的产生原因，主要有以下几个方面：

① 网络设备故障 前面介绍了局域网的硬件组成，这些硬件无论是损坏或工作不正常都会导致局域网故障的产生，如网卡、交换机、无线路由器、光猫、网线损坏，网络设备的接口氧化造成接触不良，等等。

② 软件及配置故障 此类故障比较常见，各网络设备的系统出现问题、用户配置错误，电脑操作系统出现故障、软件之间冲突、网卡驱动错误、驱动冲突、未安装驱动、网络参数配置错误，等等情况都有可能造成局域网故障。

③ 病毒破坏 由于病毒的原因，造成网络操作系统及各设备系统的故障，从而引发网络环路、网络风暴的产生，或者由于病毒的原因，造成电脑无法正常连接网络、卡顿、丢包等现象发生。

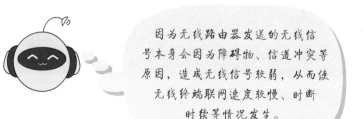

因为无线路由器发送的无线信号本身会因为障碍物、信道冲突等原因，造成无线信号较弱，从而使无线终端联网速度较慢、时断时续等情况发生。

无线的故障都有哪些？

## （2）故障排除的主要步骤

故障排除是网络管理与维护的重要环节。当网络出现故障时，需要通过故障排除来诊断和解决故障。故障排除的过程通常包括以下几个步骤：

**步骤 01** 识别故障现象：首先要了解网络故障的表现，如网络连接不通、网络速度慢、网站无法访问等。

**步骤 02** 收集故障信息：收集与故障相关的信息，如网络设备配置、网络日志等。

**步骤 03** 分析故障原因：根据收集的信息，分析故障可能的原因。

**步骤 04** 制定解决方案：根据故障原因，制定解决方案。

**步骤 05** 实施解决方案：实施解决方案，修复故障。

**步骤 06** 验证解决方案：验证解决方案是否有效，确保故障已修复。

故障排除需要具备一定的网络专业知识和技能，并能够熟练使用网络管理工具和软件。

## （3）故障的处理方法

在了解了故障产生原因及带来的影响后，对应故障原因进行解决：

- 设备本身的质量问题，可以联系售后进行维修，或者更换设备。
- 网线等物理链路及接口问题，可以重新铺设线路、制作接口。
- 软件问题，需要卸载原有软件重新安装，或者重新进行设置。
- 硬件冲突问题，需要去除、更换冲突设备或者重新安装不冲突驱动。
- 配置问题，重新配置即可。

# ▶ 8.5.3　配置管理

配置管理是网络管理与维护的重要内容。网络设备的配置决定了网络的性能、安全性和可靠性。因此，需要对网络设备的配置进行管理，确保配置的正确性、一致性和安全性。配置管理可以分为以下几个方面：

- **配置备份：** 定期备份网络设备配置，以便在发生故障时可以恢复配置。
- **配置变更管理：** 对网络设备配置的变更进行管理，确保变更的有效性和安全性。
- **配置审计：** 定期对网络设备配置进行审计，确保配置符合安全要求。

配置管理可以使用多种工具和方法进行，包括：

- **网络管理软件：** 如 Ansible、Puppet、Chef 等。
- **开源工具：** 如 CFEngine、SaltStack 等。
- **手工配置：** 手动配置网络设备。

Windows常用的排查命令有哪些？

如 Ipconfig、Ping、Tracert、Route print、Nslookup、Netstat等。

## ▶ 8.5.4　网络维护

网络维护是一种日常维护，包括网络设备管理（如交换机、路由器、防火墙、服务器等）、操作系统维护（系统打补丁，系统升级）、网络安全（病毒防范）等。在网络正常运行的情况下，对网络基础设施的管理主要包括确保网络传输的正常、掌握公司或者网吧主干设备的配置及配置参数变更情况、备份各个设备的配置文件。定期对网络设备和网络线路进行维护和排查，可以提早发现问题，解决故障。

### （1）网络维护的主要内容

在网络维护中，重点需要维护的内容包括：

- 负责交换机、服务器、路由器的设置、维护和管理，确保各类设备高效、正常运行。
- 对网络用户提供技术支持和咨询，及时响应用户上网和变更请求。
- 负责网络的安全，管好用好防火墙，加强对网络病毒和网络黑客的监测和预防。
- 保存和备份系统运行日志，随时为安全保卫部门提供查询。
- 网络的扩展、升级和出口速率的提升。
- 跟踪网络新技术，利用好网络管理软件。

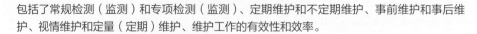

知识拓展　　**网络维护的主要方法**

包括了常规检测（监测）和专项检测（监测）、定期维护和不定期维护、事前维护和事后维护、视情维护和定量（定期）维护、维护工作的有效性和效率。

### （2）网络管理员的工作内容

网络管理员作为网络管理中的管理者，是以上所有内容的实际实施者，所以网络管理员的工作对于网络管理来说是非常重要的。日常网络管理工作主要包括以下几个方面：

- 硬件测试、软件测试、系统测试、可靠性（含安全）测试。
- 网络状态监测和系统管理。
- 网络性能监测及认证测试（工程验收评测）。
- 网络故障诊断和排除，灾难恢复方案。
- 定期测试和文档备案，故障报告、参数登记、资料汇总统计分析等。
- 网络性能分析、预测。
- 故障预防、故障早期发现。
- 维护计划、手段以及实施效果的评测、改进和总结回顾，规章制度的制定。
- 选择合适的网络评测方法，综合可靠性和网络维护的目标作评定。
- 人员培训、工具配备等。

# 安全软件的使用

安全软件的使用是防毒杀毒中的关键部分，学习并掌握安全软件的使用，可以增强用户设备的安全性，并提高抵御病毒和木马的能力。

## （1）常见的安全软件

常见的安全软件包括了卡巴斯基（下左图）、Avast、BitDefende、Norton、Avira、NOD32、MCAFEE等。普通用户最常使用的各种安全管家以及火绒（下右图）等也是非常不错的。

## （2）安全扫描及杀毒

安全软件扫描和杀毒的过程基本一致，不过在杀毒前，建议用户升级到最新的病毒库。如果病毒比较顽固，可以在安全模式下进行杀毒。

**步骤 01** 启动软件，单击"病毒查杀"按钮，选择查杀的模式，如下图所示。

**步骤 02** 快速查杀可以对系统关键位置和组件进程查杀，查杀后会报告查杀结果，如下图所示。

### （3）使用在线查毒引擎检查文件安全性

如下图所示，除了使用本地杀毒引擎进行查杀外，对于一些非常规的文件或程序，可以上传到在线查毒引擎上进行查杀，这些网站集合了大量的杀毒引擎，可以多引擎进行判断，用户可以根据结果自行判断是否保留或运行。

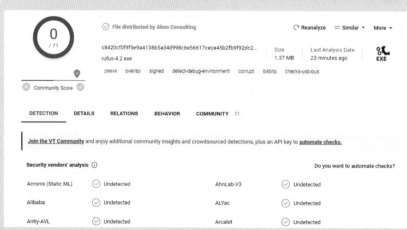

第**9**章

# 后记——
# 网络的未来

回顾网络发展历程，从最初的远程终端网到如今的万物互联，网络已经深刻地改变了我们的生活方式、工作方式和思维方式。展望未来，网络将会继续演进，并带来更加深远的影响。

## ▶ 9.1 下一代互联网

下一代互联网俗称Web3.0，即指互联网的下一阶段发展，它将更加去中心化、智能化和安全化。下一代互联网将由以下几个关键技术驱动。

### ▶ 9.1.1 关键技术

① 区块链　区块链技术将使互联网更加去中心化，如下图所示，并提供更强大的安全性和隐私性。

② 人工智能　人工智能技术将使互联网更加智能化，并能够提供更加个性化的服务。

③ 物联网　物联网技术将使互联网更加广泛地连接到物理世界，并带来新的应用和服务。

### ▶ 9.1.2 潜在优势与面临挑战

下一代互联网将带来许多新的机遇和挑战。以下是一些潜在的优势。

① 更加去中心化　下一代互联网将更加去中心化，这意味着任何人都可以参与互联网的建设和维护，并分享互联网带来的利益。

② 更加智能化　下一代互联网将更加智能化，这意味着互联网将能够更好地理解用户需求，并提供更加个性化的服务。

③ 更加安全化　下一代互联网将更加安全化，这意味着用户将能够更好地控制自己的数据，并降低遭受网络攻击的风险，如下图所示。

当然，下一代互联网也面临一些挑战：

① 技术复杂性　下一代互联网将更加复杂，这意味着需要更多的技术人才来参与建设和维护。

② 监管挑战　下一代互联网将更加去中心化，这意味着传统的监管模式可能不再适用，需要新的监管框架来规范互联网的发展。

③ 社会影响　下一代互联网将带来新的社会影响，例如人工智能可能导致的失业问题，需要进行妥善的应对。

总体而言，下一代互联网是一个充满希望的方向，它将为人类社会带来新的机遇和挑战。我们需要积极参与下一代互联网的发展，并共同应对挑战，才能更好地享受下一代互联网带来的红利。

## 9.2 量子通信与网络

量子通信是利用量子叠加态和纠缠效应进行信息传递的新型通信方式，基于量子力学中的不确定性、测量坍缩和不可克隆三大原理提供了无法被窃听和计算破解的绝对安全性保证，主要分为量子隐形传态和量子密钥分发两种。

### 9.2.1 量子通信的基本原理

量子通信主要基于量子纠缠态的理论，使用量子隐形传态（传输）的方式实现信息传递。量子通信的过程如下：事先构建一对具有纠缠态的粒子，将两个粒子分别放在通信双方，将具有未知量子态的粒子与发送方的粒子进行联合测量（一种操作），则接收方的粒子瞬间发生坍塌（变化），坍塌（变化）为某种状态，这个状态与发送方的粒子坍塌（变化）后的状态是对称的，然后将联合测量的信息通过经典信道传送给接收方，接收方根据接收到的信息对坍塌的粒子进行幺正变换（相当于逆转变换），即可得到与发送方完全相同的未知量子态，如下图所示。

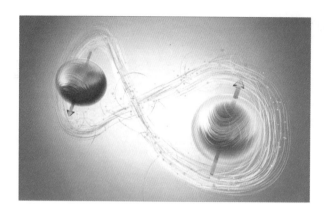

与传统的基于电信号的通信方式相比，量子通信具有以下优势。

## （1）更高的安全性

量子通信利用量子纠缠等特性，可以实现无条件的安全通信，即窃听者无法窃听量子信息。

## （2）更高的传输速率

量子通信可以利用量子并行性，实现比传统通信方式更高的传输速率。

## （3）更大的容量

量子通信可以利用量子多比特，实现比传统通信方式更大的容量。

# ▶ 9.2.2　量子网络

将量子通信应用到网络中，可以构建新的传输和处理方式以及新的网络架构。由量子节点和量子链路组成的网络，用于传输和处理量子信息，如下图所示。其中包括量子节点和量子链路。量子节点可以是量子计算机、量子中继器以及量子存储器。量子链路可以是光纤、自由空间链路等。

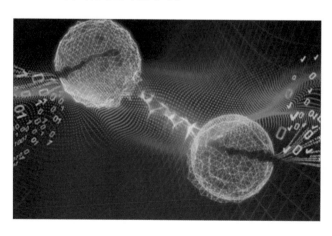

量子通信网络在节点处，代表量子信息的单元——量子比特可以被操纵，这些节点将量子信息通道连接起来，形成量子通信网络。在网络内部，信息的交换可以通过传递量子比特来实现，在实际的物理系统中实现量子通信网络，需要被束缚的离子或原子作为节点，而量子通道则由光纤或者类似的光子"线路"来实现，量子通信网络具有安全性、多端分布计算、降低通信复杂性等优点。

量子通信是信息技术领域的重大突破，具有广泛的应用前景，主要包括以下几个方面：

- **安全通信：**量子通信可以用于政府、军队、金融等领域的安全通信。
- **量子计算：**量子通信可以用于构建量子互联网，实现大规模量子计算。
- **量子传感：**量子通信可以用于实现高精度量子传感。

### ▶ 9.2.3　量子通信面临的挑战

量子通信目前仍处于早期发展阶段，面临以下挑战：

- **技术挑战：**量子通信的技术还需要进一步发展，才能实现大规模应用。
- **成本挑战：**量子通信的成本目前仍然较高，需要降低成本才能实现广泛应用。
- **标准化挑战：**量子通信的标准化工作还需要进一步开展，才能实现互联互通。

随着量子通信技术的不断发展，量子通信将在未来发挥越来越重要的作用，并将深刻改变我们的生活和工作方式。量子通信在网络中的应用将使网络更加安全、高效和可靠，并将推动新兴应用的出现。

## ▶ 9.3　网络的社会影响

网络的出现与发展，对社会产生了深远的影响，主要体现在以下几个方面。

### ▶ 9.3.1　信息传播

网络信息传播是指以互联网为平台，进行信息发布、传递和接收的过程。它是信息传播的重要途径，也是互联网的核心功能之一。

**（1）积极影响**

- 信息传播更加快捷、高效和广泛。人们可以通过网络获取来自世界各地的信息，打破了时间和空间的限制。
- 信息更加开放和透明。人们可以通过网络获取不同观点和信息，提高了对社会的认知。

- 促进了公民参与社会事务。人们可以通过网络表达自己的意见和建议，参与社会治理。

### （2）消极影响

- 信息泛滥，真假难辨。网络上存在大量虚假信息和误导性信息，容易误导公众。
- 信息茧房现象。人们容易在网络上接触到与自己观点相似的信息，导致思维固化。

## ▶9.3.2　教育和科研

利用互联网上丰富的教育以及学术资源，网络彻底改变了传统的课堂教学模式和科研方法、提高了教育和科研的效率、节约了成本，更加灵活高效。

### （1）积极影响

- 为教育和科研提供了新的平台，使人们可以通过网络进行学习和研究。
- 获取丰富的教育资源。人们可以通过网络获取来自世界各地的优质教育资源，提高了学习效率。
- 促进了国际合作。科研人员可以通过网络进行交流合作，推动科研成果的共享和转化。

### （2）消极影响

- 导致学术不端。网络上存在学术论文抄袭、造假等现象。
- 网络信息安全问题。网络教育和科研过程中存在信息泄露、网络攻击等安全问题，影响教育和科研活动的开展。

## ▶9.3.3　经济活动

网络对经济活动的影响是广泛而深刻的，它改变了传统的经济模式，创造了新的经济形态。

### （1）积极影响

- 促进了经济活动的发展，使电子商务、网上购物、网上支付等新兴业态蓬勃发展。
- 提高了经济效率。人们可以通过网络进行商业交易，减少交易成本，提高交易效率。

- 创造了新的就业机会。网络经济的发展创造了大量新的就业机会，促进了经济增长。

## （2）消极影响

- 导致实体经济萎缩。网络经济的发展对传统实体经济造成冲击。
- 网络安全问题。网络经济发展过程中存在网络攻击、网络欺诈等安全问题，容易造成经济损失。

# ▶ 9.3.4　人际交往

网络打破了时空的限制，让人们可以随时进行交流，使人际关系更加虚拟化、扁平化。

## （1）积极影响

- 改变了人们的人际交往方式，使人们可以通过网络进行沟通和交流，突破了地域的限制。
- 结识新朋友，建立新的社交关系。人们可以通过网络找到志同道合的朋友，扩大社交圈。
- 促进了文化交流和融合。不同文化背景的人可以通过网络进行交流，相互学习和借鉴。

## （2）消极影响

- 导致人际关系淡漠。人们过度依赖网络交流，忽视了面对面的交流，导致人际关系疏远。
- 网络诈骗。网络上存在大量诈骗信息，容易对人造成伤害。

# ▶ 9.3.5　文化娱乐

网络丰富了娱乐方式、改变了娱乐消费模式，推动了文化娱乐产业的快速发展，使之成为新的经济增长点。

## （1）积极影响

- 丰富了人们的文化娱乐生活，使人们可以通过网络进行游戏、听音乐、看电影等娱乐活动。
- 获取各种各样的文化娱乐资源。人们可以通过网络欣赏来自世界各地的文化娱乐作品，提高了生活质量。

- 促进了文化产业的发展。网络文化产业发展迅速，成为新的经济增长点。

## （2）消极影响

- 导致文化娱乐生活方式单一化。人们过度依赖网络娱乐，忽视了传统文化娱乐方式，导致文化娱乐生活方式单一化。
- 网络沉迷。人们沉迷于网络游戏，影响现实生活和工作。

总而言之，网络是一把双刃剑，既有积极影响也有消极影响。我们需要积极利用网络的积极影响，努力消除网络的消极影响，让网络更好地服务社会。